普通高等教育高职高专"十三五"规划教材

电气控制与PLC应用技术

主 编 叶德云 黄 波
副主编 劳 丽 牛兴旺
主 审 孙景芝

中国水利水电出版社
www.waterpub.com.cn
·北京·

内 容 提 要

本教材结合职业技能教育的要求,选取典型的职业技能证书实训项目,详细介绍了电气控制技术,并以三菱 FX2N 系列 PLC 为对象,配合实际工程案例,详细介绍了可编程控制器的内部软硬件工作原理、编程工具的使用以及梯形图、指令表、顺序功能图三种程序设计方法。

本教材可作为高职高专电气工程、机电一体化技术、自动化、计算机应用技术等专业可编程控制器课程的教材、课程实训实习指导书,以及维修电工(中/高级)职业资格证和低压电工特种作业操作证等职业技能证书的考证辅导书,也可作为从事相关工作的技术人员、职业培训、成人教育或者自学者的参考书。

图书在版编目(CIP)数据

电气控制与PLC应用技术 / 叶德云,黄波主编. -- 北京:中国水利水电出版社,2019.7
普通高等教育高职高专"十三五"规划教材
ISBN 978-7-5170-7824-1

Ⅰ. ①电… Ⅱ. ①叶… ②黄… Ⅲ. ①电气控制—高等职业教育—教材②PLC技术—高等职业教育—教材 Ⅳ. ①TM571.2②TM571.6

中国版本图书馆CIP数据核字(2019)第148242号

书　名	普通高等教育高职高专"十三五"规划教材 **电气控制与 PLC 应用技术** DIANQI KONGZHI YU PLC YINGYONG JISHU
作　者	主　编　叶德云　黄　波 副主编　劳　丽　牛兴旺 主　审　孙景芝
出版发行	中国水利水电出版社 (北京市海淀区玉渊潭南路1号D座　100038) 网址:www.waterpub.com.cn E-mail:sales@waterpub.com.cn 电话:(010)68367658(营销中心)
经　售	北京科水图书销售中心(零售) 电话:(010)88383994、63202643、68545874 全国各地新华书店和相关出版物销售网点
排　版	中国水利水电出版社微机排版中心
印　刷	清淞永业(天津)印刷有限公司
规　格	184mm×260mm　16开本　13.75印张　335千字
版　次	2019年7月第1版　2019年7月第1次印刷
印　数	0001—2000册
定　价	**39.00元**

凡购买我社图书,如有缺页、倒页、脱页的,本社营销中心负责调换

版权所有·侵权必究

前　言

根据国务院《国家职业教育改革实施方案》，在职业院校、应用型本科高校启动了"学历证书＋若干职业技能等级证书"制度试点工作。为实现现代职业教育对技术技能人才的培养目标，进行了一系列专业教学改革和职业技能实训基地的建设工作。在建设过程中，结合维修电工（中/高级）职业资格证、低压电工特种作业操作证等职业技能证书的要求，编写了本教材。

本教材分为两篇。第一篇为电气控制基础及典型实训项目，包括电气控制基础、电气控制的典型环节、典型机床控制线路；第二篇为PLC技术及其基础应用，分5章介绍了PLC的基础知识和编程工具，以及梯形图、指令系统、顺序功能图这三种编程方式。书中的案例选取遵循学生学习的认知规律，贴近职业技能培养要求和职业技能证书考核要求，强调职业技能和职业素养的培养，教学上符合"教、学、做、考"一体化模式。

本教材主编为叶德云、黄波，副主编为劳丽、牛兴旺。由黑龙江建筑职业技术学院的孙景芝教授担任主审。本教材在编写过程中得到了何毅廷、孙卉等的热情支持和帮助，在此向他们表示衷心的感谢！

对于书中的疏漏和错误之处，殷切地期望各位读者给予批评和指证。

编者
2019年3月

前言

目 录

前言

第一篇 电气控制基础及典型实训项目

第1章 电气控制基础 ········ 3
1.1 电器元件分类与作用 ········ 3
1.2 常用开关的认知与应用 ········ 4
1.3 接触器 ········ 28
1.4 继电器 ········ 39
1.5 熔断器 ········ 54

第2章 电气控制的典型环节 ········ 62
2.1 绘图规则与识图方法 ········ 62
2.2 三相笼型异步电动机的直接启动控制 ········ 70
2.3 三相笼型异步电动机的降压启动控制 ········ 82
2.4 笼型异步电动机的制动 ········ 86
2.5 三相笼型异步电动机的调速控制 ········ 91
2.6 绕线转子异步电动机的控制 ········ 93

第3章 典型机床控制线路 ········ 99
3.1 电气线路分析基础 ········ 99
3.2 车床电气控制线路 ········ 99

第二篇 PLC技术及其基础应用

第4章 PLC的基础知识 ········ 107
4.1 PLC是什么 ········ 107
4.2 PLC能做什么 ········ 108
4.3 PLC的内部系统 ········ 109
4.4 PLC如何工作 ········ 115
4.5 如何搭建PLC的实践环境 ········ 117

第5章 PLC的编程工具 ········ 123
5.1 PLC控制系统设计的一般步骤 ········ 123

5.2 PLC 的编程工具 ………………………………………………………… 124
5.3 GX Developer 编程软件的使用 ………………………………………… 125
5.4 GX Developer 编程软件的仿真工具 …………………………………… 137

第 6 章　PLC 梯形图编程 ……………………………………………………… 141
6.1 梯形图概述 ……………………………………………………………… 141
6.2 梯形图编程规则 ………………………………………………………… 142
6.3 PLC 编程软元件概述 …………………………………………………… 145
6.4 输入继电器和输出继电器的应用 ……………………………………… 147
6.5 辅助继电器的应用 ……………………………………………………… 149
6.6 定时器的应用 …………………………………………………………… 152
6.7 计数器的应用 …………………………………………………………… 157
6.8 编程软元件综合应用 …………………………………………………… 161

第 7 章　PLC 的指令系统 ……………………………………………………… 168
7.1 PLC 的指令系统概述 …………………………………………………… 168
7.2 案例 ……………………………………………………………………… 169

第 8 章　PLC 的顺序功能图编程 ……………………………………………… 193
8.1 顺序功能图编程基础知识 ……………………………………………… 193
8.2 步进指令和步进梯形图 ………………………………………………… 198
8.3 单流程顺序功能图的编程 ……………………………………………… 201
8.4 选择结构顺序功能图的编程 …………………………………………… 203
8.5 并行结构顺序功能图的编程 …………………………………………… 208

参考文献 ………………………………………………………………………… 212

第一篇

电气控制基础及典型实训项目

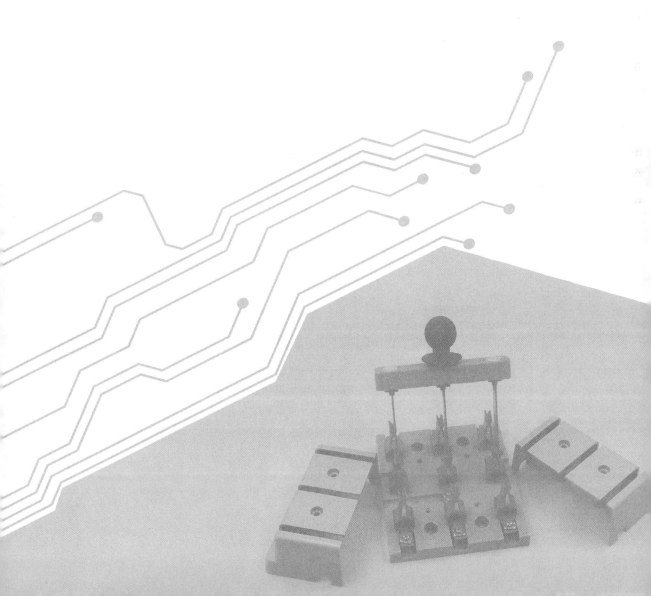

第1章 电气控制基础

中国的国民经济进入了快速发展的轨道，虽然电气设备控制的科技含量大大提高，但继电接触控制仍是控制系统中最基本、应用最广泛的控制方法之一。本章主要阐述常用低压电器和继电接触控制的基本环节。

1.1 电器元件分类与作用

1.1.1 电器元件的定义

电器元件是一种能根据外界的信号和要求，手动或自动地接通、断开电路，以实现对电路或非电对象的切换、控制、保护、检测、变换和调节的元件或设备。电器元件是一种能控制电，使电按照人们的要求并安全地为人们工作的器件。

低压电器用于交流1200V、直流1500V及以下的电路中，起通断、保护、控制或调节作用。

1.1.2 低压电器的分类与作用

所谓低压电器是指在低压供电网络中，能够依据操作信号或外界现场信号的要求，自动或手动改变电器的状况、参数，用以实现对电路或被控对象的控制、保护、测量、指示、调节和转换等的电气器件。

1.1.2.1 低压电器的分类

由于系统的要求不同，电器元件功能多样，构造各异，原理也各具特点，品种和规格繁多，应用面广，从不同的角度分类也不同。

（1）按工作原理。可分为电磁式电器和非电量控制电器。

（2）按操作方式。可将低压电器分为自动电器和手动电器。

1）自动电器。通过电磁（或压缩空气）做功来完成接通、分断、启动、反向和停止等动作的电器称为自动电器。常用的自动电器有接触器、继电器等。

2）手动电器。通过人力做功来完成接通、分断、启动、反向和停止等动作的电器称为手动电器。常用的手动电器有刀开关、转换开关和主令电器等。

（3）按用途和控制对象不同。可将低压电器分为配电电器和控制电器。

1）用于低压电力网的配电电器。这类电器包括刀开关、转换开关、空气断路器和熔断器等。对配电电器的主要技术要求是断流能力强、限流效果在系统发生故障时保护动作准确，工作可靠；有足够的热稳定性和动稳定性。

2) 用于电力拖动及自动控制系统的控制电器。这类电器包括接触器、启动器和各种控制继电器等。对控制电器的主要技术要求是操作频率高、寿命长，有相应的转换能力。

（4）按工作条件。可划分为一般工业电器、船用电器、化工电器、矿用电器、牵引电器及航空电器等几类，对不同类型低压电器的防护形式、耐潮湿、耐腐蚀、抗冲击等性能的要求不同。

1.1.2.2 低压电器的作用

低压电器能够依据操作信号或外界现场信号的要求，自动或手动地改变电路的状态、参数，实现对电路或被控对象的保护、控制、调节、指示、测量和转换。

（1）保护作用。能根据设备的特点，对设备、环境以及人身实行自动保护，如电机的过热保护、电网的短路保护、漏电保护等。

（2）控制作用。如电梯的上下移动、快慢速自动切换与自动停层等。

（3）调节作用。低压电器可对一些电量和非电量进行调整，以满足用户的要求，如柴油机油门的调整、房间温湿度的调节、照度的自动调节等。

（4）指示作用。利用低压电器的控制、保护等功能，检测出设备运行状况与电气电路工作情况，如绝缘监测、保护掉牌的指示等。

（5）测量作用。利用仪表及与之相适应的电器，对设备、电网或其他非电参数进行测量（如电流、电压、功率、转速、温度和湿度等）。

（6）转换作用。在用电设备之间转换或对低压电器、控制电路分时投入运行，以实现功能切换，如励磁装置手动与自动的转换，供电的市电与自备电的切换等。

1.2 常用开关的认知与应用

1.2.1 按钮开关

按钮开关是指利用按钮推动传动机构，使动触点与静触点接通或断开并实现电路换接的开关。按钮开关是一种结构简单，应用十分广泛的主令电器。在电气自动控制电路中，用于手动发出控制信号以控制接触器、继电器、电磁启动器等。

1.2.1.1 按钮开关的作用

按钮是一种结构简单、应用广泛、短时接通或断开小电流电路的电器。它不直接控制电路的通断，而是在低压控制电路中，用于手动发布控制指令，故称为主令电器，属于手动电器。按钮开关可以完成启动、停止、正反转、变速以及互锁等基本控制。

1.2.1.2 按钮开关的分类及特点

按钮开关的结构种类很多，可分为普通撤钮式、蘑菇头式、自锁式、自复位式、旋柄式、带指示灯式、带灯符号式及钥匙式等，有单钮、双钮、三钮及不同组合形式，一般是采用积木式结构，由按钮帽、复位弹簧、桥式触头和外壳等组成，通常做成复合式，有一对常闭触头和常开触头，有的产品可通过多个元件的串联增加触头对数。还有一种自持式

按钮,按下后即可自动保持闭合位置,断电后才能打开。按钮可按操作方式、防护方式分类,常见的按钮类别及特点如下:

(1) 开启式。开启式适用于嵌装固定在开关板、控制柜或控制台的面板上。代号为 K。

(2) 保护式。带保护外壳,可以防止内部的按钮零件受机械损伤或人触及带电部分。代号为 H。

(3) 防水式。带密封的外壳,可防止雨水浸入。代号为 S。

(4) 防腐式。能防止化工腐蚀性气体的侵入。代号为 F。

(5) 防爆式。能用于含有爆炸性气体与尘埃的地方而不引起传爆,如煤矿等场所。代号为 B。

(6) 旋钮式。用旋转手把操作触点,有通断两个位置,一般为面板安装式。代号为 X。

(7) 钥匙式。用钥匙插入旋转进行操作,可防止误操作或供专人操作。代号为 Y。

(8) 紧急式。有红色大蘑菇钮头突出于外,作紧急时切断电源用。代号为 J 或 M。

(9) 自锁式。按钮内装有自锁用电磁机构,主要用于发电厂、变电站或试验设备中,操作人员互通信号及发出指令等,一般为面板操作。代号为 Z。

(10) 带灯式。按钮内装有信号灯,除用于发布操作命令外,兼作信号指示,多用于控制柜、控制台的面板上。代号为 D。

(11) 组合式。多个按钮组合。代号为 E。

(12) 联锁式。多个触点互相联锁。代号为 C。

(13) 按用途和结构分类。①常开按钮;②常闭按钮;③复合按钮。

1.2.1.3 按钮开关的构造及原理

1. 按钮开关的构造

按钮开关一般由按钮帽、复位弹簧、桥式动触头和外壳等组成。通常每一个按钮开关有两对触点。每对触点由一个常开触点和一个常闭触点组成。其外形、结构及符号如图 1.1 所示。

为了标明各个按钮的作用,避免误操作,通常将按钮帽做成不同的颜色,以示区别,其颜色有红、绿、黑、黄、蓝、白等。红色表示停止按钮,绿色表示启动按钮等。按钮开关的主要参数、形式、安装孔尺寸、触头数量及触头的电流容量,在产品说明书中都有详细说明。

2. 按钮开关的原理

当按下按钮帽时(用力应大于弹簧的反弹力),两对触点同时动作,常开按钮闭合,常闭按钮断开;手抬起时,在弹簧反弹力的作用下,触头复位(常闭触点恢复闭合,常开触点恢复断开)。

1.2.1.4 按钮开关的型号、技术参数及选用

1. 按钮的型号意义

按钮的型号意义如下:

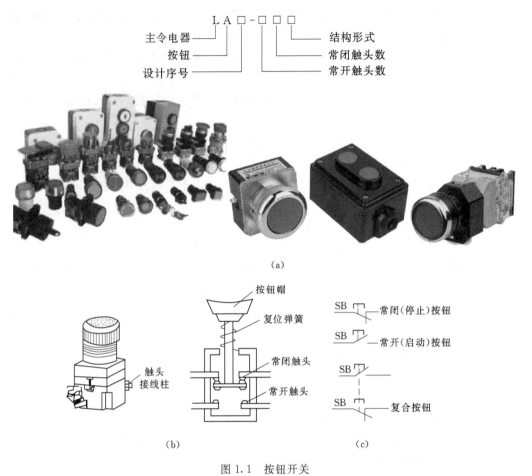

图 1.1 按钮开关
(a) 外形；(b) 结构；(c) 符号

常用的按钮分类及用途见表 1.1。

表 1.1　　　　　　　　　常用的按钮分类及用途

代号	类别	用　　途
B	防爆式	用于有爆炸气体场所
D	带灯式	按钮内装有指示灯，用于需要指示的场所
F	防腐式	用于含有腐蚀性气体场所
H	保护式	有保护外壳，用于安全性要求较高的场所
J	紧急式	有红色钮头，用于紧急时切除电源
K	开启式	用于嵌装于固定的面板上
C	联锁式	用于多对触头需要联锁的场所
S	防水式	有密封外壳，用于有雨水场所
X	旋钮式	通过旋转把手操作
Y	钥匙式	用钥匙插入操作，可专人操作
E	组合式	多个按钮组合在一起
Z	自锁式	内有电磁机构，可自保护，用于特殊试管场所

2. 按钮开关技术参数

周围空气温度：-25～40℃。

海拔高度：≤2000m。

空气相对湿度：≤90%。

污染等级：3级。

防护等级：IP55。

开关额定值：AC-15 36V/10A 110V/10A 220V/5A 380V/2.7A 660V/1.8A。
DC-6V/4A 12/4A 24V/4A 48V/4A 110V/2A 220V/1A 440V/0.6A。

约定发热电流：1th 10A（约定发热电流是指在规定的试验条件下试验时，开关电器在8h工作制下，各部件的温度升高不超过规定极限值所能承载的最大电流。在电器元件通用标识为1th）。

触电电阻：≤50mΩ。

绝缘电阻：≥10mΩ。

机械寿命：一般按钮 $n \geqslant 100 \times 10^4$ 次；旋钮 $n \geqslant 30 \times 10^4$ 次；钥匙钮 $n \geqslant 5 \times 10^4$ 次；急停钮 $n \geqslant 5 \times 10^4$ 次。

3. 按钮开关注意事项

（1）确定各机种的额定值注意事项。交流和直流电路中按钮开关能力有很大差异，需确认额定值。

直流的场合控制容量非常低。因为直流不像交流那样有零点（电流零交叉点），因此一旦产生电弧就很难消除，电弧时间很长。而且电流方向不变，所以会出现接点迁移现象，接点会由于凹凸不平而无法断开，可能导致误动作。

有些种类的负载的恒定电流和浪涌电流相差很大。需在允许的浪涌电流值范围内使用。闭路时的浪涌电流越大，接点的消耗量和迁移量也越大，就会因接点的熔接和迁移导致接点无法开关的故障。

在含有电感应的情况下会产生反向感应电压，电压越高能量越大，接点的消耗和迁移也随之增大，因此，需确认额定的条件，在额定值中标出控制容量，但仅这些是不够的，在接通时和切断时的电压、电流波形、负载的种类等特殊的负载电路中，必须分别进行实际设备测试确认。微小电压、电流的场合需使用微小负载用产品。使用一般用途的银质接点时，可能导致接触可靠性降低。

按钮开关超出按钮开关范围的微小型、高负载型时，连接适合该负载的继电器。

确定各机种的额定值的条件如下所述。

感性负载：功率因数0.4以上（交流）、时间常数7ms以下（直流）。

灯负载：具有相当于恒定电流10倍的浪涌电流时的负载。

电动机负载：具有相当于恒定电流6倍的浪涌电流时的负载。

注意：感性负载在直流电路中特别重要，因此必须充分了解负载的时间常数（L/R）的值。

（2）按钮开关操作时的注意事项。用力快速按到底（用力应大于弹簧反弹力），确保常开和常闭触点均动作，否则会形成误操作。

4. 按钮开关的选择

选择按钮时,应根据所需要的数量、使用场所及颜色来确定。选择按钮开关的主要参数、形式、安装孔尺寸、触头数量及触头的电流容量,在选择按钮开关说明书中都有详细说明。

常用国产产品有 LAY3、LAY6、LA20、LA25、LA38、LA101、LA115 系列及 LA2、LA18、LA19、LAY1 和 SFAN1 型等系列按钮。LA2 系列按钮有一对常开触头和一对常闭触头;LA18 系列按钮采用积木结构,触头数量可以根据需要进行拼装;LA19 系列按钮是按钮与信号灯的组合,按钮兼作信号灯罩,用透明塑料制成;LA25 系列按钮是新型号,其技术数据见表 1.2。

表 1.2   LA25 系列按钮技术数据

型号	触头组数	按钮颜色	型号	触头组数	按钮颜色
LA25-10	一常开	白绿黄蓝橙黑红	LA25-33	三常开三常闭	白绿黄蓝橙黑红
LA25-01	一常闭		LA25-40	四常开	
LA25-11	一常开一常闭		LA25-04	四常闭	
LA25-20	二常开		LA25-41	四常开一常闭	
LA25-02	二常闭		LA25-14	一常开四常闭	
LA25-21	二常开一常闭		LA25-42	四常开二常闭	
LA25-12	一常开二常闭		LA25-24	二常开四常闭	
LA25-22	二常开二常闭		LA25-50	五常开	
LA25-30	三常开		LA25-05	五常闭	
LA25-03	三常闭		LA25-51	五常开一常闭	
LA25-31	三常开一常闭		LA25-15	一常开五常闭	
LA25-13	一常开三常闭		LA25-60	六常开	
LA25-32	三常开二常闭		LA25-06	六常闭	
LA25-23	二常开三常闭				

知识拓展——按钮开关的应用案例

如图 1.2 所示为抢答器设计实物图和原理图,三组参赛选手,在抢答过程中,都想最先接通抢答器的灯而且还不犯规,应如何控制?

1.2.2 位置开关

位置开关又称为限位开关或行程开关。位置开关和按钮开关相似,所不同的是触头的操作不是靠手去操作,而是利用机械设备的某些运动部件的碰撞来完成操作的,是一种将机器信号转换为电气信号,以控制运动部件位置或行程的自动控制电器,是一种常用的小电流主令电器。广泛应用于顺序控制器及运动方向、行程、定位、限位、安全等自控系统中。

1.2.2.1 位置开关的分类特点及作用

1. 位置开关的分类特点

一类为以机械行程直接接触驱动,作为输入信号的行程开关和微动开关;另一类为以

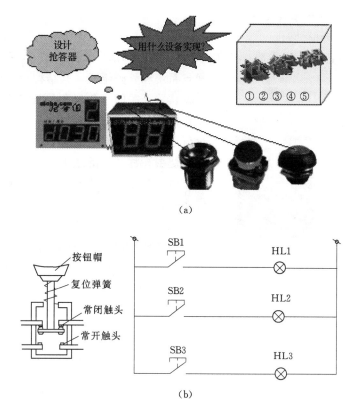

图 1.2 采用按钮控制的抢答器
(a) 实物图；(b) 原理图

电磁信号（非接触式）作为输入动作信号的接近开关。

按结构分类，位置开关大致可分为按钮式、滚轮式、微动式和组合式等，具体特点见表 1.3。

表 1.3　　位置开关的分类及特点

序号	类别	特　点	序号	类别	特　点
1	按钮式	结构与按钮开关相似。 优点：结构简单，价格便宜。 缺点：通断速度受操作速度影响	3	微动式	由微动开关组成。 优点：体积小、重量轻、动作灵敏。 缺点：寿命较短
2	滚轮式	挡块撞击滚轮，常动触点瞬时动作。 优点：开断电流大，动作可靠。 缺点：体积大、结构复杂、价格高	4	组合式	几个行程开关组装在一起。 优点：结构紧凑、接线集中安装、方便。 缺点：专用性强

2. 位置开关的作用

在电气控制系统中，位置开关的作用是实现顺序控制、定位控制和位置状态的检测。

1.2.2.2 位置开关的构造及工作原理

1. 按钮式位置开关

(1) 按钮式位置开关的构造。按钮式位置开关有 LX1 和 JLXK1 等系列,由操作头、触点系统和外壳组成,其结构示意如图 1.3 所示,这种位置开关的动作过程同按钮开关一样,具有动作简单、维修容易的特点,但不宜用于移动速度低于 0.4m/min 的场合,否则会因分断过于缓慢而烧损行程开关的触头。

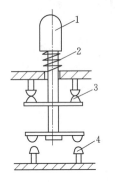

图 1.3 按钮式位置开关结构
1—推杆;2—弹簧;3—动断触头;4—动合触头;
5—滚轮;6—触头

(2) 按钮式位置开关的动作原理。动作原理同按钮开关类似,所不同的是:一个是手动,另一个则由运动部件的撞块碰撞。当外界运动部件上的撞块碰压按钮使其触头动作,当运动部件离开后,在弹簧作用下,其触头自动复位。

2. 滚轮式位置开关

(1) 滚轮式位置开关的构造。滚轮式位置开关又分为单滚轮自动复位和双滚轮(羊角式)非自动复位式,由于双滚轮位置开关具有两个稳态位置,有"记忆"作用。常用的双滚轮位置开关有 LX2、LX19 等系列,其外形与结构如图 1.4 所示。

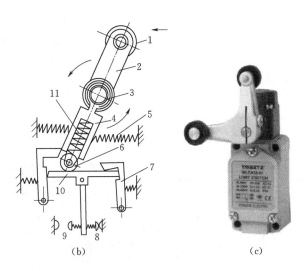

图 1.4 滚轮式位置开关结构
(a) 单滚轮式实物图;(b) 结构图;(c) 双滚轮式实物图
1—滚轮;2—上转臂;3—盘形弹簧;4—下转臂;5—复位弹簧;6—滑轮;7—压板;8—动断触头;
9—动合触头;10—横板;11—压缩弹簧;12—杠杆;13—转轴;14—撞块;15—微动开关

(2) 滚轮式位置开关的动作过程。当运动机械的挡铁(撞块)向左压到位置开关的滚轮时,上下转臂绕支点以逆时针方向转动滑轮自左至右的滚动中,压迫横板,待滚过横板的转轴时,横板在弹簧的作用下突然转动,使触头瞬间切换。

当滚轮上的挡铁移开后，复位弹簧就使位置开关复位。这种是单滚轮自动恢复式位置开关。而双滚轮旋转式位置开关不能自动复原，它是依靠运动机械反向移动时，挡铁碰撞另一滚轮将其复原。其图形文字符号及动作原理如图 1.5 所示。

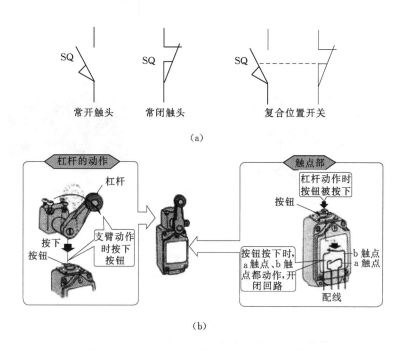

图 1.5　位置开关的图形文字符号及动作原理
(a) 图形文字符号；(b) 动作原理

3. 微动式位置开关

(1) 微动式位置开关的构造。微动式位置开关的型号有 LX5、LXW-11 等系列，主要由推杆、弹性铜片、压缩弹簧、动断触头、动合触头等组成，其结构如图 1.6 所示。

(2) 微动式位置开关的动作过程。微动式位置开关的动作过程比较简单，单断点微动式位置开关与按钮式位置开关相比具有行程短的优点。双断点微动式位置开关内加装了弯曲的弹性铜片，使得推杆在很小的范围内移动时，都可使触头因铜片的翻转而改变状态。

4. 组合式位置开关

组合式位置开关的型号有 JW2-11Z/3 和 JW2-11Z/5。它是把 3 个或 5 个单轮直动式滚轮位置开关组装在一个壳体内而成，这些行程开关交错地分布在相隔同样距离的平行面内。

1.2.2.3　位置开关的技术数据与型号

1. 位置开关的技术数据

常用位置开关的技术数据见表 1.4。

第1章 电气控制基础

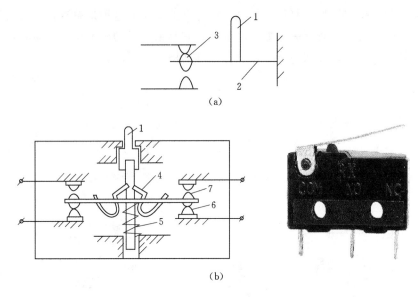

图 1.6 微动式位置开关结构
(a) LX5 微动开关；(b) LXW-11 微动开关
1—推杆；2—片状弹簧；3—触头；4—弹性铜片；5—压缩弹簧；
6—动断触头；7—动合触头

表 1.4　　　　　　　　　　常用位置开关的技术数据

型号	额定电压、电流	结 构 特 点	触头对数	
			常开	常闭
LX19		元件	1	1
LX19-111		内侧单轮、自动复位	1	1
LX19-121		内侧单轮、自动复位	1	1
LX19-131		内外侧单轮、自动复位	1	1
LX19-212	380V 5A	内侧双轮、不能自动复位	1	1
LX19-222		外侧双轮、不能自动复位	1	1
LX19-232		内外侧双轮、不能自动复位	1	1
LX19-001			1	1
JLXK1		无滚轮、反径向轮动杆、自动复位快速位置开关（瞬动）微动开关		
LXW1-11				
LXW2-11			1	1

2. 位置开关的型号意义

位置开关的型号意义如下：

1.2 常用开关的认知与应用

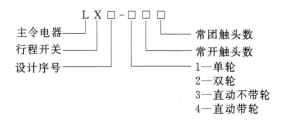

1.2.2.4 位置开关的选择安装及使用

1. 位置开关的选择

选择位置开关时首先要根据使用场合确定型号，然后根据外界环境选择防护形式。选择触头数量的时候，如果触头数量不够，可采用中间继电器加以扩展，切忌过负荷使用。

(1) 根据应用场合及控制对象选择种类。
(2) 根据机械与限位开关的传力与位移关系选择合适的操作头形式。
(3) 根据控制回路的额定电压和额定电流选择系列。
(4) 根据安装环境选择防护形式。

2. 位置开关的安装

使用时，安装应该牢固，位置要准确，最好安装位置可以调节，以免活动部分锈死。应该指出的是，在设计时应该注意，平时位置开关不可处于受外力作用的动作状态，而应处于释放状态。

(1) 限位开关应紧固在安装板和机械设备上，不得有晃动现象。
(2) 限位开关安装时位置要准确，否则不能达到位置控制和限位的目的。
(3) 定期检查限位开关，以免触头接触不良而达不到行程和限位控制的目的。

3. 位置开关的使用

位置开关的使用方面很多，它主要是起联锁保护的作用。最常见的例子是在洗衣机和录音机（录像机）中的应用。

在洗衣机的脱水（甩干）过程中转速很高，如果此时有人由于疏忽打开洗衣机的门或盖后，再把手伸进去，很容易对人造成伤害，为了避免这种事故的发生，在洗衣机的门或盖上装了个电接点，一旦有人开启洗衣机的门或盖时，就自动把电机断电，甚至还要靠机械办法联动，使门或盖一打开就立刻"刹车"，强迫转动着的部件停下来，免得伤害人身。

在录音机和录像机中，我们常常使用到快进或者倒带，磁带急速地转动，但是当到达磁带的端点时会自动停下来。在这里行程开关又一次发挥了作用，不过这一次不是靠碰撞而是靠磁带的张力突然增大引起动作的。

位置开关还经常用在电梯中作限位保护，在机床中作行程控制，在起重设备如塔式起重机和桥式起重机中作限位保护，如图1.7所示。

1.2.3 刀开关

刀开关是带有动触头——闸刀，并通过它与底座上的静触头——刀夹座相契合（或分离），以接通（或分断）电路的一种开关。

刀开关是低压配电中结构最简单、应用最广泛的电器，主要用在低压成套配电装置

第1章 电气控制基础

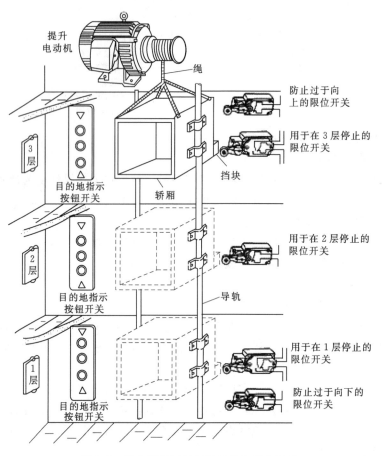

图1.7 限位开关用于起重设备作限位保护

中,作为不频繁地手动接通和分断交直流电路或作隔离开关用。也可以用于不频繁地接通与分断额定电流以下的负载,如小型电动机等。

1.2.3.1 常用刀开关(开启式负荷开关)

1. 常用刀开关的分类

(1)根据工作原理、使用条件和结构形式的不同,刀开关可分为刀开关、刀形转换开关、开启式负荷开关(胶盖瓷底刀开关)、封闭式负荷开关(封闭式开关)、熔断器式刀开关和组合开关等。常用的产品有:HK2、HD13BX系列开启式负荷开关,HRS、HR5系列熔断器式刀开关,HD系列刀开关,HS系列双投刀开关(刀形转换开关),HY系列倒顺开关和HH系列封闭式开关等。

(2)根据刀的极数和操作方式分。刀开关按极数分为单极、双极和三极;按操作方式分为直接手柄操作式、杠杆操作机构式和电动操作机构式;按刀开关转换方向分为单投和双投等。

常用的三极开关额定电流有100A、200A、400A、600A、1000A等。通常,除特殊的大电流刀开关用电动机操作外,一般都采用手动操作方式。

其中以熔断体作为动触头的,称为熔断器式刀开关,简称刀熔开关。

采用刀开关结构形式的称为刀形转换开关。

采用叠装式触头元件组合成旋转操作的，称为组合开关。

2. 常用刀开关的作用

开启式负荷开关也称为胶盖刀开关，是一种带刀刃形触头的开关电器。主要作电路中隔离电源用，或作为不频繁地接通和分断额定电流以下的负载用。刀开关处于断开位置时，可明显观察到，能确保电路检修人员的安全。

用于交流380V、50Hz电力网中作电源隔离或电流转换之用，是电力网中必不可少的电器元件，常用于各种低压配电柜、配电箱、照明箱中。当电源一进入首先接的是刀开关，再接熔断器、断路器、接触器等其他电器元件，以配足各种配电柜、配电箱的功能要求。当其以下的电器元件或线路中出现故障，切断隔离电源就靠它来实现，以便对设备、电器元件的修理更换。HS刀形转换开关主要用于转换电源，即当一路电源不能供电，需要另一路电源供电时就由它来进行转换，当转换开关处于中间位置时，可以起隔离作用。

3. 常用刀开关的构造

刀开关由手柄、触刀、静插座和底板等组成。常用刀开关的典型结构如图1.8所示。

(a)

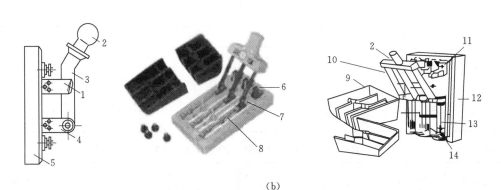

(b)

图1.8 常用刀开关的典型结构

(a) 实物图；(b) 构造图

1—静插座；2—手柄；3—触刀；4—铰链支座；5—绝缘底板；6—静触头；7—动触头；
8—熔体；9—胶木盖；10—闸刀；11—进线座；12—瓷底；13—保险丝；14—出线座

4. 刀开关型号的意义

刀开关型号的意义如下：

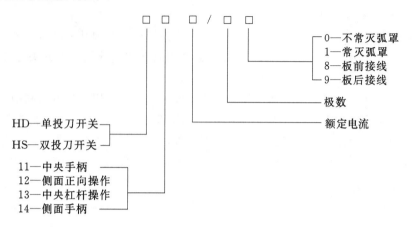

开启式负荷开关的型号意义如下：

5. 刀开关的主要技术参数

刀开关的主要技术参数见表 1.5，HK2 系列开启式负荷开关的主要技术参数见表 1.6。

表 1.5　　　　　　　　　　HD17 系列刀形隔离器的主要技术参数

额定电流 /A	通断能力/A			在 AC380V 和 60% 额定电流时，刀开关的电气寿命 /次	电动稳定性电流峰值 /kA	IS 热稳定性电流 /kA
	AC380V $\cos\phi=0.72\sim0.8$	DC				
		220V	440V			
		$T=0.01\sim0.011\text{s}$				
200	200	200	200	1000	30	10
400	400	400	400	1000	40	20
600	600	600	600	500	50	25
1000	1000	1000	1000	500	60	30
1500	—	—	—	—	80	40

表 1.6　　　　　　　　　HK2 系列开启式负荷开关的主要技术参数

额定电压 /V	额定电流 /A	极数	熔体极限分断能力 /A	控制最大电动机功率 /kW	机械寿命 /次	电寿命 /次
200	10	2	500	1.1	10000	2000
	15		500	1.5		
	30		1000	3.0		

续表

额定电压 /V	额定电流 /A	极数	熔体极限分断能力 /A	控制最大电动机功率 /kW	机械寿命 /次	电寿命 /次
330	15 30 60	3	500 1000 1500	2.2 4.0 5.5	10000	2000

为了使用方便和减少体积,在刀开关上安装熔丝或熔断器,组成兼有通断电路和保护作用的开关电器,如开启式负荷开关、熔断器式刀开关等。

6. 刀开关的图形、文字符号及应用

(1) 刀开关的图形及文字符号。刀开关的图形符号按单极、双极及三极分别表达,文字符号用 QS 表示,如图 1.9 所示。

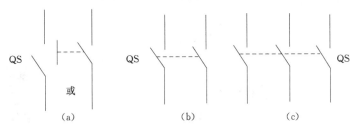

图 1.9 刀开关的图形及文字符号
(a) 单极;(b) 双极;(c) 三极

(2) 刀开关的应用案例。

应用案例设计已知条件:一台 1.1kW 的小型三相笼型异步电动机,需要启动和停止。设计考虑在没学到其他电器之前,只好用刀开关控制电动机,如图 1.10 所示。

合上刀开关,电源引进,电动机启动;断开刀开关,切断电源,电动机停止。

7. 刀开关选用及安装

(1) 刀开关选用方法。

1) 用于照明电路时可选用额定电压 220V 或 250V,额定电流不小于电路最大工作电流的双极开关。

2) 用于电动机的直接启动,可选用 UN 为 380V 或 500V,额定电流不小于电动机额定电流 3 倍的三极开关。

(2) 安装注意事项。

1) 胶盖刀开关必须垂直安装在控制屏或开关板上,不能倒装,即接通状态时手柄朝上,否则有可能在分断状态时闸刀开关松动落下,造成误接通。

2) 安装接线时,刀闸上桩头接电源,下桩

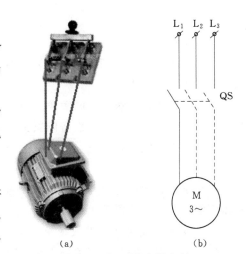

图 1.10 刀开关应用案例
(a) 实物连接;(b) 电路

头接负载。接线时进线和出线不能接反，否则在更换熔断丝时会发生触电事故。

3）操作胶盖刀开关时，不能带重负载，因为 HK 系列瓷底胶盖闸刀开关不设专门的灭弧装置，它仅利用胶盖的遮护防止电弧灼伤。

4）如果要带一般性负载操作，动作应迅速，使电弧较快熄灭，一方面不易灼伤人手，另一方面也减少电弧对动触头和静夹座的损坏。

1.2.3.2 封闭式负荷开关

1. 封闭式负荷开关构造及特点

封闭式负荷开关（又称封闭式开关）是在闸刀开关基础上改进设计的一种开关。它是由刀开关、熔断器、速断弹簧等组成，并装在金属壳内。开关采用侧面手柄操作，并设有机械联锁装置，使箱盖打开时不能合闸，刀开关合闸时，箱盖不能打开，保证了用电安全。手柄与底座间的速断弹簧使开关通断动作迅速，灭弧性能好。封闭式负荷开关能工作于粉尘飞扬的场所。封闭式开关外形及结构如图 1.11 所示。

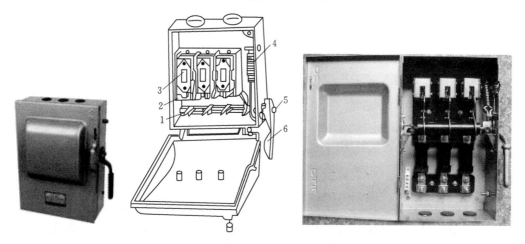

图 1.11 封闭式开关外形及结构
1—刀式触头；2—夹座；3—熔断器；4—速断弹簧；5—转轴；6—手柄

结构特点如下：

（1）封闭式开关在结构上设计成侧面旋转操作式，共分四部分，操作机构、熔断器、铁壳和触头系统。

（2）操作机构有快速分断装置，封闭式开关的闭合和分断速度与操作者手的动作速度开关，从而保证操作人员和设备的安全。

（3）触头系统带灭弧室，触头系统全部装在铁盒之内，完全处于封闭状态，保证人员安全。

（4）罩盖关闭后可以与锁扣契合，当开关在闭合位置时，由于罩盖与操作机构联锁，罩盖不能打开。另外罩盖也可以加锁。

2. 封闭式负荷开关安装及使用注意事项

（1）为了保障安全，开关外壳必须连接良好的接地线。

（2）接开关时，要把接线压紧，以防烧坏开关内部的绝缘。

(3) 为了安全,在封闭式开关钢质外壳上装有机械联锁装置,当壳盖打开时,不能合闸;合闸后,壳盖不能打开。

(4) 安装时,先预埋固定件,将木质配电板用紧固件固定在墙壁或柱子上,再将封闭式开关固定在木质配电板上。

(5) 封闭式开关应垂直于地面安装,其安装高度以手动操作方便为宜,通常为1.3~1.5m。

(6) 封闭式开关的电源进线和开关的输出线,都必须经过铁壳的进出线孔。安装接线时应在进出线孔处加装橡皮垫圈,以防尘土落入铁壳内。

(7) 操作时,必须注意不得面对封闭式开关拉闸或合闸,一般用左手操作合闸。若更换熔丝,必须在拉闸后进行。

3. 封闭式开关适用范围

HH3、HH4系列封闭式开关,适用于额定工作电压380V、额定工作电流至800A、频率为50Hz的交流电路中,可作为手动不频繁地接通分断有负载的电路,并对电路有短路保护作用。

4. 封闭式开关技术数据

(1) 封闭式开关在额定电压105%~110%下其熔断器的额定熔断短路电流应符合表1.7的规定。

表1.7 封闭式开关技术数据

型号	额定限制短路电流/A	功率因数	分断次数
HH4-15/3	1000	0.95	
HH4-30/3	2000	0.9	
HH4-60/3	3000	0.9	
HH3-100/3	4000	0.8	2
HH3-200/3	6000	0.7	
HH3-300/3	7500	0.5	
HH4-400/3	9000	0.5	

(2) 封闭式开关的熔断器在周围空气温度为20℃±5℃时通以$1.75I_e$应在1h内熔断,通以$1.3I_e$应在1h内不熔断(I_e为负荷开关额定工作电流)。

1.2.3.3 熔断器式刀开关

1. 熔断器式刀开关作用

熔断器式刀开关即熔断器式隔离开关,是以熔断体或带有熔断体的载熔件作为动触点的一种隔离开关,主要用于额定电压AC600V(45~62Hz),约定发热电流至630A的具有高短路电流的配电电路和电动机电路中作为电源开关、隔离开关、应急开关,并作为电路保护用,但一般不用于直接控制单台电动机。

2. 型号意义

熔断器式刀开关的型号意义如下:

第1章 电气控制基础

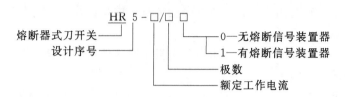

3. 主要技术参数

HR5 系列的主要技术参数见表 1.8。

表 1.8　　　　　　HR5 系列熔断器式刀开关的主要技术参数

额定工作电压/V	380		660	
约定发热电流/A	100	200	400	630
熔体电流值/A	4～160	80～250	125～400	315～630
熔断体号	0	1	2	3

1.2.3.4　刀开关的外形、图形符号及文字符号

刀开关的外形、图形符号及文字符号如图 1.12 所示。

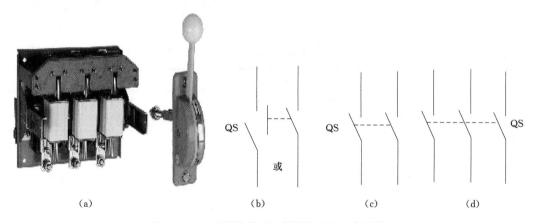

图 1.12　刀开关的外形、图形符号及文字符号
(a) 外形图；(b) 单极；(c) 双极；(d) 三极

1.2.4　转换开关

1.2.4.1　作用

转换开关是由多组相同结构的开关元件叠装而成，用以控制多回路的一种主令电器，可用于控制高压油断路器、空气断路器等操作机构的分合闸，各种配电设备中线路的换接、遥控及电流表、电压表的换向测量等，也可用于控制小容量电动机的启动、换向和调速。由于它换接的线路多，用途广泛，故称为万能转换开关。

1.2.4.2　构造及原理

万能转换开关由手柄、带号码牌的触头盒等构成，有的还带有信号灯。它具有多个挡位，多对触头，可供机床控制电路中进行换接之用。在操作不太频繁时，可用于小容量电

机的启动、改变转向，也可用于测量仪表等。其外形如图1.13所示，结构示意图如图1.14所示，图中间带缺口的圆为可转动部分，每对触头在缺口对着时导通，实际中的万能转换开关不止图中一层，而是由多层相同的部分组成，触头不一定正好是3对，凹轮也不一定只有一个凹口。

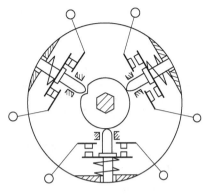

图1.13 万能转换开关外形　　图1.14 万能转换开关结构

当转动手柄至不同挡位时，方轴带动相应的动触头随之转动，使得相关部分触头闭合，其他部分触头断开。

1.2.4.3 图形及文字符号

万能转换开关的图形及文字符号如图1.15（a）所示，其触头接线表可从设计手册中查到，如图1.15（b）所示，图1.15（b）显示了开关的挡位、触头数目和接通状态，表中用"×"表示触点接通，否则为断开，由接线表才可画出图1.15（a）。具体画法是：虚线表示操作手柄的位置，用有无"."表示触点的闭合和打开状态，比如，在触点图形符号下方的虚线位置上画"."，则表示当操作手柄处于该位置时，该触点是处于闭合状态；若在虚线位置上未画"."时，则表示该触点是处于打开状态。

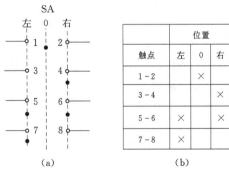

图1.15 万能转换开关符号表示
(a) 图形及文字符号；(b) 触头接线表

1.2.4.4 型号意义

万能转换开关的型号意义如下：

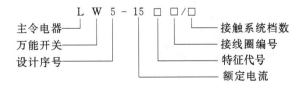

1.2.4.5 主要技术参数

常用万能转换开关主要技术参数见表1.9。

表 1.9   常用万能转换开关主要技术参数

型号	电压/V	电流/A	接通		分断		特　点
			电压/V	电流/A	电压/V	电流/A	
LW5	AC 500	15	110	30	110	30	双断点触头，挡数1～8，面板为方形或圆形，可用于各种配电设备的远距离控制，5.5kW的切换、仪表切换等
			220	20	220	20	
			380	15	380	15	
			500	10	500	10	
LW6	AC 380	5	380	5	380	5	2～12个挡位，1～10层，每层32对触头

1.2.5　低压断路器（自动开关）

自动开关又称自动空气断路器或自动空气开关。它的特点是：在正常工作时，可以人工操作，接通或切断电源与负载的联系；当出现故障时，如短路、过载、欠压等，又能自动切断故障电路，起到保护作用，因此得到了广泛的应用。

1.2.5.1　低压断路器的分类及用途

低压断路器主要分类方法以结构形式分类，即开启式和装置式两种。开启式又称为框架式或万能式，装置式又称为塑壳式。装置式低压断路器装在一个塑料制成的外壳内，多数只有过电流脱扣器，由于体积限制，失压脱扣和分励脱扣只能两者选一。装置式低压断路器短路开断能力较低，额定工作电压在660V以下，额定电流也多在600A以下。从操作方式上看，装置式低压断路器的变化小，多为手动，只有少数带传动机构可进行电动操作。其尺寸较小，动热稳定性较低，维修不便，但价格便宜，故宜于用作支路开关。

万能式低压断路器所有部件装在一个绝缘衬垫的金属框架内，可以具有过电流脱扣器、欠压脱扣器、分励脱扣器、闭锁脱扣器等。与装置式低压断路器相比，它的短路开断能力较强，额定工作电压可达1140V，额定电流为200～400A，甚至超过5000A。操作方式较多，有手动操作、杠杆操作、电动操作，还有储能方式操作等。由于其动热稳定性较好，故宜用于开关柜中，维修比较方便，但价格高，体积大。

低压断路器的分类及用途见表1.10。

表 1.10   低压断路器的分类及用途

序号	分类方法	种　类	主　要　用　途
1	按用途分	保护配电线路低压断路器	做电源点开关和各支路开关
		保护电动机低压断路器	可装在近电源端，保护电动机
		保护照明线路低压断路器	用于生活建筑内电气设备和信号二次线路
		漏电保护低压断路器	防止因漏电造成的火灾和人身伤害
2	按结构分	框架式低压断路器	开断电流大，保护种类齐全
		塑壳式低压断路器	开断电流相对较小，结构简单
3	按极数分	单极低压断路器	用于照明回路
		双极低压断路器	用于照明回路或直流回路
		三极低压断路器	用于电动机控制保护
		四极低压断路器	用于三相四线制线路控制

续表

序号	分类方法	种 类	主 要 用 途
4	按限流性能分	一般型不限流低压断路器	用于一般场合
		快速型限流低压断路器	用于需要限流的场合
5	按操作方式分	直接手柄操作低压断路器	用于一般场合
		杠杆操作低压断路器	用于大电流分断
		电磁铁操作低压断路器	用于自动化程度较高的电路控制
		电动机操作低压断路器	用于自动化程度较高的电路控制

1.2.5.2 低压断路器的构造及型号意义

1. 低压断路器的构造及原理

低压断路器的外形结构、原理图及符号如图1.16所示。开关盖上有操作按钮（红分，绿合），正常工作用手动操作，有灭弧装置。断路器主要由三个基本部分组成：触头、灭弧系统和各种脱扣器。脱扣器包括过电磁脱扣器、失（欠）压脱扣器、热脱扣器。

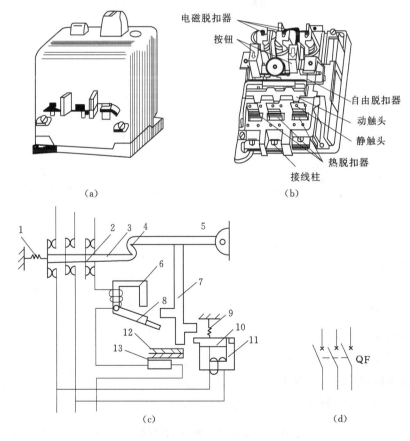

图1.16 DZ5-20型低压断路器

(a) 外形；(b) 内部结构；(c) 工作原理；(d) 符号

1、9—弹簧；2—触头；3—锁链；4—搭钩；5—轴；6—电磁脱扣器；7—杠杆；
8、10—衔铁；11—失（欠）压脱扣器；12—双金属片；13—电阻丝

图中三对主触头串接在被保护的三相主电路中,当按下绿色按钮,触头 2 和锁链 3 保持闭合,线路接通。

当线路正常工作时,电磁脱扣器 6 的线圈所产生的吸力不能将它的衔铁 8 吸合,如果线路发生短路和产生较大过电流时,电磁脱扣器的吸力增加,将衔铁 8 吸合,并撞击杠杆 7,把搭钩 4 顶上去,锁链 3 脱扣,被主弹簧 1 拉回,切断主触头 2。

当线路上电压下降或失去电压时,失(欠)压脱扣器 11 的吸力减小或消失,衔铁 10 被弹簧 9 拉开。撞击杠杆 7,也能把搭钩 4 顶开,切断主触头 2。

当线路出现过载时,过载电流流过热脱扣器的发热元件 13,使双金属片 12 受热弯曲,将杠杆 7 顶开,切断主触头 2。

脱扣器都可以对脱扣电流进行整定,只要改变热脱扣器所需要的弯曲程度和电磁脱扣器铁芯机构的气隙大小就可以。热脱扣器和电磁脱扣器互相配合,热脱扣器担负主电路的过载保护,电磁脱扣器担负短路故障保护。当低压断路器由于过载而断开后,应等待 2~3min 才能重新合闸以使热脱扣器回复原位。

低压断路器的主要触点由耐压电弧合金(如银钨合金)制成,采用灭弧栅片加陶瓷罩来熄灭电弧。

2. 低压断路器的型号

低压断路器的型号意义如下:

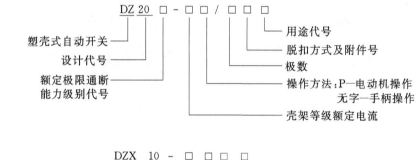

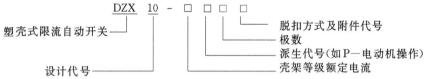

1.2.5.3 图形及文字符号

低压断路器的外形与电气符号如图 1.17 所示。

1.2.5.4 低压断路器的技术数据

DZ5-20 型低压断路器的技术参数见表 1.11。

表 1.11　　　　　　　　DZ5-20 型低压断路器的技术参数

型号	DZ5-20	DZ5-50
额定电压 U_e/A	AC400	AC400
壳架等级额定电流 I_{nm}/A	20	50

续表

型号		DZ5-20			DZ5-50
额定电流 I_n/A		0.15, 0.2, 0.3, 0.45, 0.65, 1, 1.5, 2.3, 4.5, 6.5, 10, 15, 20			$10I_n$
断路保护电路整定值 I_r/A	配电用	$10I_n$			$10I_n$
	保护电动机用	$12I_n$			$12I_n$
额定短路分断能力/A	I_n/A	复式脱扣器	电磁式脱扣器	热脱扣器	液压
	0.15~6.5, 10~20	1200, 1500	1200, 1500	$14I_n$	2500
寿命/次	有载	1500			1500
	无载	8500			8500
	总计	10000			10000
每小时操作次数/(次/h)		120			120
极数/P		2 3			3
保护特性		热脱扣器和电磁脱扣器			液压脱扣器阻尼式（电动机用）
配电用	I/I_r	1.05	1.3	2.0	3.0	1.0	1.2	1.5
	动作时间	≥1h不动作	<1h动作	<4min动作	可返回时间>1s	>2h不动作	1h动作	<3min
保护电动机用	I/I_r	1.05	1.2	1.5	7.2	7.2		12
	动作时间	≥1h不动作	<1h动作	<3min动作	2s>可返回时间<1s	可返回时间>1s		<0.2s

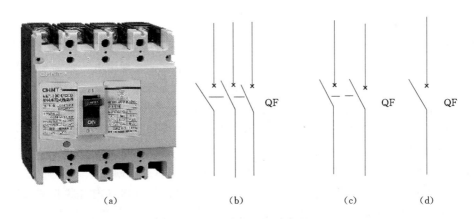

图1.17 低压断路器的电气符号
（a）外形；（b）三极低压断路器；（c）二极低压断路器；（d）单极低压断路器

1.2.5.5 低压断路器的选择与维护

1. 低压断路器的选择

（1）低压断路器的类型应根据电路的额定电流及保护的要求来选用。

（2）低压断路器的额定电压和额定电流应不小于电路的正常工作电压和工作电流。对于配电电路来说，应注意区别是电源端保护还是负载保护，电源端电压比负载端电压高出约5%。

(3) 热脱扣器的整定电流应与所控制的电动机的额定电流或负载额定电流一致。

(4) 低压断路器的欠电压脱扣器额定电压等于主电路额定电压。

(5) 电磁脱扣器的瞬时脱扣整定电流应大于负载电路正常工作时的峰值电流。对于电动机来说，DZ型低压断路器电磁脱扣器的瞬时脱扣整定电流值I_z可按下式计算：

$$I_z \geqslant KI_Q$$

式中：K为安全系数，可取1.7；I_Q为电动机的启动电流。

(6) 初步选定自动开关的类型和各项技术参数后，还要与其上、下级开关作保护特性的协调配合，从总体上满足系统对选择性保护的要求。

2. 低压断路器的维护

(1) 使用前应将脱扣器电磁铁工作面的防锈油脂抹去，以免影响电磁机构的动作值。

(2) 在使用一定次数后（一般为1/4机械寿命），转动部分应加润滑油（小容量的塑壳式不需要）。

(3) 定期检查各脱扣器的整定值。

(4) 定期清除断路器上的灰尘，以保持绝缘良好。

(5) 断路器的触点使用一定次数后，如果表面有毛刺和颗粒等应及时清理修整，以保证接触良好。

(6) 灭弧室在分断短路电流或较长时间使用后，应清除其内壁和栅片上的金属颗粒和黑烟。

1.2.6 漏电保护器

1.2.6.1 概述

随着家用电器的增多，由于绝缘不良引起漏电时，因泄漏电流小，不能使其保护装置（熔断器、自动开关）动作，这样漏电设备外漏的可导电部分长期带电，增加了触电危险。漏电保护开关是针对这种情况在近年来发展起来的新型保护电器，有电压型和电流型之分。电压型和电流型漏电保护开关的主要区别在于检测故障信号方式的不同。

漏电保护器按保护功能分为两类：一类是带过电流保护的，它除具备漏电保护功能外，还兼有过载和短路保护功能，使用时，电路上一般不需要配用熔断器；另一类是不带过流保护的，它在使用时还需要配用相应的过流保护装置（如熔断器）。

漏电保护断电器也是一种漏电保护装置，它由主回路断路器（内含脱扣器YR）、零序电流互感器TAN和放大器A等三个主要部件组成。其外形及组成原理如图1.18(a)、(b)所示。它只具有检测与判断漏电的能力，本身不具备直接开闭主电路的功能，通常与带有分励脱扣器的自动开关配合使用，当断电器动作时输出信号至自动开关，由自动开关分断主电路。

漏电保护开关的工作原理：在设备正常运行时，主电路电流的相量和为零，零序互感器的铁芯无磁通，二次侧没有电压输出。当设备发生单相接地或漏电时，由于主电路电流的相量和不再为零，TAN的铁芯有零序磁通，其二次侧有电压输出，经放大器A判断、放大后，输入给脱扣器YR，使断路器QF跳闸，切断故障电路，避免发生触电事故。

1.2 常用开关的认知与应用

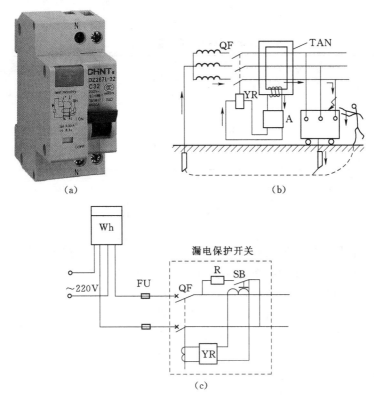

图 1.18 漏电保护开关
(a) 外形；(b) 原理；(c) 住宅建筑漏电保护开关接线

漏电保护开关适用于额定电压为 220V，电源中性点接地的单相回路，具有结构简单、体积小、动作灵敏、性能稳定可靠等优点，适合民用住宅使用。

1.2.6.2 漏电保护开关安装

漏电保护开关在使用时，应接在电度表和熔断器后面，住宅建筑漏电保护开关接线如图 1.18（c）所示。安装时应按开关规定的标志接线。接线完毕后应按动试验按钮，检查漏电保护开关是否动作可靠。漏电保护开关投入正常运行后，应定期校验。一般每个月需在合闸通电状态下按动试验按钮 SB 一次，检查漏电保护开关是否正常工作，以确保其安全性。

1.2.6.3 漏电保护开关的技术参数

电流型漏电保护开关的基本技术参数见表 1.12。电压型漏电保护开关的基本技术参

表 1.12　　　　　　　　　　电流型漏电保护开关的基本技术参数

高 速 型				一 般 型	
高灵敏类		低灵敏类		低灵敏类	
额定动作电压/V	动作时间/s	额定动作电压/V	动作时间/s	额定动作电压/V	动作时间/s
5		50、100		50、100	
10	<0.1	200、300	<0.1	200、300	<0.2
30		500、1000		500、1000	

数见表1.13。

表 1.13　　　　　　　　电压型漏电保护开关的基本技术参数

高速型				一般型	
高灵敏类		低灵敏类		低灵敏类	
额定动作电压/V	动作时间/s	额定动作电压/V	动作时间/s	额定动作电压/V	动作时间/s
25	<0.1	50	<0.1	50	<0.2

1.3　接　触　器

接触器是一种用于频繁地接通或断开交直流主电路、大容量控制电路等大电流电路的自动切换电器，在功能上接触器除能自动切换外，还具有手动开关所不具备的远距离操作功能和失压（或欠电压）保护功能，但没有低压断路器所具有的过载和短路保护功能。接触器具有操作频率高、使用寿命长、工作可靠、性能稳定、成本低廉、维修简便等优点，主要用于控制电动机、电热设备、电焊机、电容器组等，是电力拖动自动控制线路中应用广泛的控制电器之一。

接触器按其触头通过电流的种类可分为交流接触器和直流接触器。

1.3.1　交流接触器

1.3.1.1　交流接触器的构造

交流接触器由电磁机构、触头系统和灭弧装置三部分组成，交流接触器的外形及插座如图1.19所示。

1. 电磁机构

电磁机构的作用是将电磁能转换成机械能，操纵触点的闭合或断开，交流接触器一般采用衔铁绕轴转动的拍合式电磁机构和衔铁做直线运动的电磁机构。由于交流接触器的线圈通交流电。在铁芯中存在磁滞和涡流损耗，会引起铁芯发热。为了减少涡流，磁滞损耗，以免铁芯发热过甚，铁芯由硅钢片叠铆而成。同时，为了减小机械振动和噪声，在铁芯柱端面上嵌装一个金属环，称为短路环，如图1.20所示，短路环相当于变压器的二次绕组，当激磁线圈通入交流电后，在铁芯中产生磁通 ϕ_1，ϕ_1 在短路环中感应电流，于是在短路环中产生磁通 ϕ_2。磁通 ϕ_1 由线圈电流 I_1 产生，而 ϕ_2 则由 I_1 及短路环中的感应电流 I_2 共同产生。电流 I_1 和 I_2 相位不同，故 ϕ_1 和 ϕ_2 的相位也不同，即在 ϕ_1 过零时 ϕ_2 不为零，使得合成吸力无过零点，铁芯总可以吸住衔铁，使其振动减小。

2. 触头系统

触头是用于切断或接通电气回路的部分，它是接触器的执行元件。由于需要对电流进行切断和接通，其导电性能和使用寿命是考虑的主要因素。在回路接通时，触头处应接触紧密，导电性能良好，回路切断时则应可靠切断电路，保证有足够的绝缘间隙。触头有主

1.3 接触器

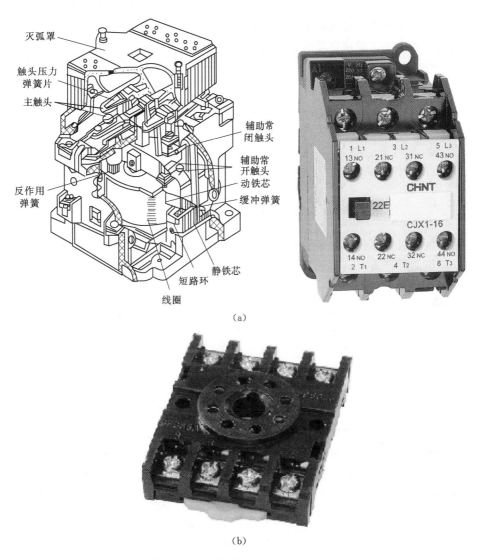

图 1.19 交流接触器的外形及插座
(a) 外形；(b) 插座

触头和辅助触头之分，还有使触头复位用的弹簧。主触头用以通断主回路（大电流电路），常为三对、四对或五对常开触头，而辅助触头则用来通断控制回路（小电流回路），起电气联锁或控制作用，所以又称为联锁触头。

触头的结构形式分为桥式触头和线接触指型触头，如图 1.21 所示。桥式触头有点接触和面接触，它们都是两个触头串在一条线路中，电路的开断与闭合是由两个触头共同完成的。点接触桥式触头适用于电流不大且触头压力小的地方，

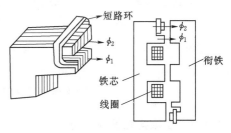

图 1.20 交流接触器铁芯的短路环

如接触器的辅助触头；面接触桥式触头适用于大电流的地方，如接触器的主触头。线接触指型触头的接触区域为一直线，触头开闭时产生滚动接触。线接触指型触头适用于接电次数多、电流大的地方，如接触器的主触头。

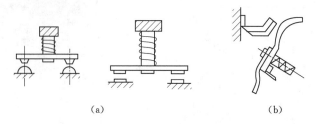

图 1.21 触头的结构形式
(a) 点接触桥式触头；(b) 线接触指型触头

选用接触器时，要注意触头的通断容量和通断频率，如应用不当，会缩短其使用寿命或不能开断电路，严重时会使触头熔化；反之则触头得不到充分利用。

3. 灭弧装置

当交流接触器分断带有电流负荷的电路时，如果触头开断的电源电压超过 12～20V，被开断的电流超过 0.25A，在触头开断的瞬间，就会产生一团热量为 6000～20000cal，能发出强光，导电的弧状气体，这就是电弧。电弧的产生为电路中电磁能的释放提供了通路，从一定程度上可以减小电路开断时的冲击电压。但是，电弧的产生：一方面使电路仍然保持导通状态，使得该断开的电路未能断开；另一方面，电弧产生的高温将烧损开断电路的触头，损坏导线的绝缘，甚至有电弧飞出，危及人身安全，或造成开关电器的爆炸和火灾。总之，触头断开时产生的电弧弊多利少，为此触头系统上必须采取一定的灭弧措施。交流接触器的灭弧方法有四种，如图 1.22 所示。用电动力使电弧移动拉长，如电动力灭弧、双断口灭弧；或将长弧分成若干短弧，如栅片灭弧、纵缝灭弧等。容量在 10A 以上的接触器有灭弧装置，小容量的接触器采用双断口桥式触头以利于灭弧。对于大容量的接触器常采用栅片和纵缝灭弧。

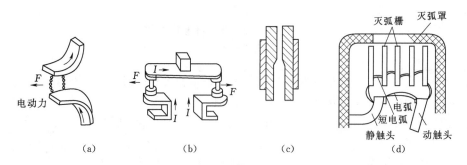

图 1.22 交流接触器的四种灭弧方法
(a) 电动力灭弧；(b) 双断口灭弧；(c) 纵缝灭弧；(d) 栅片灭弧

1.3.1.2 交流接触器的分类

交流接触器的种类很多，其分类方法也不尽相同，其分类方法大致有以下几种。

1. 按主触头极数分

按主触头极数可分为单极、双极、三极、四极和五极接触器。单极接触器主要用于单相负荷，如照明负荷、点焊机等，在电动机能耗制动中也可采用；双极接触器主要用于绕线式异步电动机的转子回路中，启动时用于短接启动绕组；三极接触器用于三相负荷，在电动机的控制及其他场合，使用最广泛；四极接触器主要用于三相四线制的照明线路，也可用来控制双回路电动机负载；五极交流接触器用来组成自耦补偿启动器或控制双笼型电动机，以变换绕组接法。

2. 按主触头的静态位置分

按主触头的静态位置可分为动合接触器、动断接触器和混合型接触器三种。主触头为动合触头的接触器用于控制电动机及电阻性负载，用途较广；主触头为动断触头的接触器用于备用电源的配电回路和电动机的能耗制动；而主触头一部分为动合，另一部分为动断的接触器，用于发电机励磁回路灭磁和备用电源。

3. 按灭弧介质分

按灭弧介质可分为空气式接触器、真空式接触器。依靠空气绝缘的接触器，用于一般负载，而采用真空绝缘的接触器常用在煤矿、石油、化工企业及电压在660V和1140V等特殊场合。

4. 按有无触头分

按有无触头可分为有触头接触器和无触头接触器，常见的接触器多为有触头接触器。无触头接触器属于电子技术应用的产物，一般采用可控硅作为回路的通断元件。由于可控硅导通时所需的触发电压很小，而且回路通断时无火花产生，因而可用于高操作频率的设备和易燃、易爆、无噪声的场合。

1.3.1.3 交流接触器的工作原理

如图1.23所示，当交流接触器电磁系统中的线圈6、7间通入交流电流以后，铁芯8被磁化，产生大于反力弹簧10弹力的电磁力，将衔铁9吸合，一方面，带动了动合主触头1、2、3闭合，接通主电路；另一方面，动断辅助触头（在4和5处）首先断开，接着，动合辅助触头（也在4和5处）闭合。当线圈断电或外加电压太低时，在反力弹簧10的作用下衔铁释放，动合主触头断开，切断主电路；动合辅助触头首先断开，接着，动断触头恢复闭合，图中11～24为各触头的接线柱。

1.3.1.4 交流接触器在使用时的注意事项

（1）交流接触器在启动时，由于铁芯气隙大，电抗小，所以通过励磁线圈的启动电流往往比衔铁吸合后的线圈工作电流大十几倍，所以交流接触器不宜使用于频繁启动的场合。

（2）交流接触器励磁线圈的工作电压应为其额定电压的85%～105%，这样才能保证接触器可靠吸合。如电压过高，交流接触器磁路趋于饱和，线圈电流将显著增大，有烧毁线圈的危险。反之，衔铁将不动作，相当于启动状态，线圈也可能过热烧毁。

（3）使用时还应注意，决不能把交流接触器的交流线圈误接到直流电源上，否则由于交流接触器励磁绕组线圈的直流电阻很小，将流过较大的直流电流，致使交流接触器的励

第1章 电气控制基础

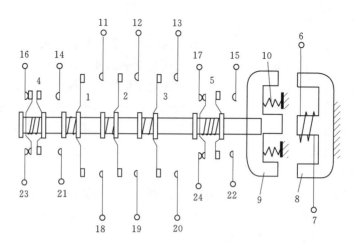

图 1.23 交流接触器的工作原理
1、2、3—主触头；4、5—辅助触头；6、7—线圈；8—铁芯；
9—衔铁；10—反力弹簧；11～24—各触头的接线柱

磁线圈烧毁。

1.3.2 直流接触器

直流接触器主要用于控制直流用电设备。

1.3.2.1 直流接触器的分类

按不同的分类方法，直流接触器有不同的分类。

（1）按主触头的极数可分为单极直流接触器和双极直流接触器。单极直流接触器用于一般的直流回路中；双极直流接触器用于分断后电路完全隔断的电路以及控制电动机正反转的电路中。

（2）按主触头的位置可分为动合直流接触器和动断直流接触器两类，动合直流接触器多用于直流电动机和电阻负载回路，动断直流接触器常用于放电电阻负载回路中。

（3）按使用场合可分为一般工业用直流接触器、牵引用直流接触器和高电感电路直流接触器。一般工业用直流接触器常用于冶金、机床等电气设备中，主要用来控制各类直流电动机；牵引用直流电动机常用于电力机车、蓄电池运输车辆等电气设备中；高电感电路用直流接触器主要用于直流电磁铁、电磁操作机构的控制电路中。

（4）按有无灭弧室可分为有灭弧室直流接触器和无灭弧室直流接触器。有灭弧室直流接触器主要用于额定电压较高的直流电路中；无灭弧室直流接触器用于低压直流电路。

（5）按吹弧方式可分为串联磁吹灭弧直流接触器和永磁吹弧直流接触器。串联磁吹灭弧直流接触器用于一般用途；永磁吹弧直流接触器用于对小电流也要求可靠熄弧的直流电路中。

1.3.2.2 直流接触器的构造

直流接触器和交流接触器一样，也是由电磁机构、触头系统和灭弧装置等部分组成。

图 1.24 为直流接触器的结构。

1. 电磁机构

因为线圈中通的是直流电流,铁芯中不会产生涡流,所以铁芯可用整块铸铁或铸钢制成,也不需要安装短路环。铁芯中无磁滞和涡流损耗,因而铁芯不发热。线圈的匝数较多,电阻大,线圈本身发热,因此吸引线圈做成长而薄的圆筒状,且不设线圈骨架,使线圈与铁芯直接接触,以便散热。

2. 触头系统

同交流接触器类似,直流接触器有主触头和辅助触头。主触头一般做成单极或双极,由于主触头接通或断开的电流较大,故采用滚动接触的指型触头;辅助触头的通断电流较小,常采用点接触的双断点桥式触头。

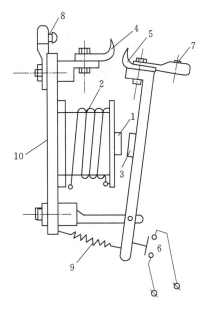

图 1.24 直流接触器的结构
1—铁芯;2—线圈;3—衔铁;4—静触点;
5—动触点;6—辅助触点;7、8—接
线柱;9—反作用弹簧;10—底板

3. 灭弧装置

直流接触器一般采用磁吹灭弧装置。磁吹灭弧装置的灭弧原理是靠磁吹力的作用,使电弧在空气中迅速拉长并同时进行冷却去游离,从而使电弧熄灭。因此电流越大,灭弧能力也越强。当电流方向改变时,磁场的方向也同时改变,而电磁力的方向不变,电弧仍向上移动,灭弧作用相同。

直流接触器通的是直流电流,没有冲击启动电流,不会产生铁芯猛烈撞击的现象,因此它的使用寿命长,适用于频繁启动的场合。

1.3.3 接触器的主要技术参数及常用接触器

1.3.3.1 接触器的主要技术参数

1. 额定电压

额定电压指主触头的额定工作电压。在规定的条件下,能保证接触器正常工作时的电压值称额定电压,使用时必须使它与被控制的负载回路的额定电压相同。直流电压有 24V、48V、110V、220V 和 440V。

2. 额定电流

额定电流指主触头的额定工作电流。当接触器装在敞开的控制屏上,在间断长期工作制下,而温度升高不超过额定温升时,流过触头的允许电流值称主触头的额定工作电流。间断长期工作制是指接触器连续通电时间不大于 8h 的工作制,工作 8h 后,必须连续操作开闭触头(空载)3 次以上,以便清除氧化膜。常用的电流等级为 10~800A。

3. 操作频率

操作频率指每小时允许操作的次数,它是接触器的主要技术指标之一,与产品寿命、额定工作电流等有关,通常为 300~1200 次/h。

4. 机械寿命与电寿命

机械寿命与操作频率有关，在接触器使用年限一定时，操作频率越高，机械寿命越高。电寿命是指正常工作条件下，不需修理和更换零件的操作次数。电寿命与使用负载有关，同一台接触器，用在重负载时，电寿命就低，用在轻负载时，电寿命就高。

5. 通断能力

通断能力可分为最大接通电流和最大分断电流。最大接通电流指触头闭合时不会造成触头熔焊时的最大电流值；最大分断电流指触头断开时能可靠灭弧的最大电流。一般通断能力是额定电流的5~10倍。当然，这一数值与开断电路的电压等级有关，电压越高，通断能力越小。

6. 吸引线圈额定电压

吸引线圈额定电压是指接触器正常工作时，吸引线圈上所加的电压值。一般该电压数值以及线圈的匝数、线径等数据均标于线包上，而不是标于接触器外壳铭牌上。

7. 动作值

动作值是指接触器的吸合电压和释放电压。吸合电压是接触器吸合前，缓慢增加吸合线圈的电压，接触器可以吸合时的最小电压；释放电压是指接触器吸合后，缓慢降低吸合线圈的电压，接触器释放时的最大电压。一般规定，吸合电压不低于吸引线圈额定电压的85%，释放电压不高于吸引线圈额定电压的70%。

1.3.3.2 接触器的主要技术数据、型号、图形及文字符号

1. 交流接触器的主要技术数据、型号

（1）主要技术数据。常用的交流接触器有CJ20、CJKJ、CJJX1、CJX2、CJ12、B3TB等系列，CJ20系列交流接触器主要技术数据见表1.14~表1.16。B系列交流接触器基本技术参数见表1.17。

表1.14　　　　　　　　CJ20系列交流接触器基本技术参数

型号	额定绝缘电压/V	额定工作电压/V	额定发热电流/A	断续周期工作制下的额定电流/A				AC-3类工作制下的控制功率/kW	机械寿命/万次	电寿命（AC-3时）/万次
				AC-1	AC-2	AC-3	AC-4			
CJ20-6.3	690	220	10	10	—	6.3	6.3	1.5	1000	100
		380						2.2		
		660				3.6	3.6	3		
CJ20-10	690	220	10	10	—	5.2	5.2	2.2	1000	100
		380						4		
		660				10	10	4		
CJ20-16	690	220	16	16	—	16	16	4.5	1000	100
		380						7.5		
		660				13	13	8		
CJ20-25	690	220	32	32	—	25	25	5.5	1000	100
		380						11		
		660				14.5	14.5	13		

续表

型号	额定绝缘电压/V	额定工作电压/V	额定发热电流/A	断续周期工作制下的额定电流/A				AC-3类工作制下的控制功率/kW	机械寿命/万次	电寿命（AC-3时）/万次
				AC-1	AC-2	AC-3	AC-4			
CJ20-32		220	32	32	—	32	32	7.5	1000	100
		380						15		
		660				18.5	18.5	15		
CJ20-40		220	55	55	—	40	40	11		
		380						22		
		660				25	25	22		
CJ20-63	690	220	80	80	63	63	63	18	600	120
		380						30		
		660			40	40	40	35		
CJ20-100		220	125	125	100	100	100	28		
		380						50		
		660			63	63	63	50		
CJ20-160		220	200	200	160	160	160	48		
		380						85		
		660			100	100	80	85		
CJ20-160/11	1140	1140	200	200	80	80	80	85		
CJ20-250		220	315	315	250	250	250	80		
		380						132		
CJ20-400	690	220	400	400	400	400	400	115	300	60~80
		380						200		
CJ20-630		220	630	630	630	500		175		
		380						300		
		660			400	320		350		

表1.15　　CJ20系列交流接触器辅助触头基本技术参数

I_{th}/A	U_i/V	U_e/V		I_e/A		额定控制容量		触头种类与数量						配用产品基本规格/A
		交流	直流	交流	直流	交流/VA	直流/W							
10	690	36	—	2.8	—	100	30	常开	4	3	2	1	0	6.3、10
		127	48	0.8	0.63			常闭	0	1	2	3	4	
		220	110	0.45	0.27			2常开，2常闭						16~40
		380	220	0.26	0.14									
10	690	36	—	8.5	—	300	60	常开	4	3	2	—	2	63~160
		127	48	2.4	1.3			常闭	2	3	4	—	2	
		220	110	1.4	0.6									
		380	220	0.8	0.27									

续表

I_{th}/A	U_i/V	U_e/V		I_e/A		额定控制容量		触头种类与数量					配用产品基本规格/A
		交流	直流	交流	直流	交流/VA	直流/W						
16	690	36	—	14	—	500	60	常开	4	3	2	—	—	250～630
		127	48	4.0	1.3								
		220	110	2.3	0.6			常闭	2	3	4	—	—	
		380	220	1.3	0.27								

表 1.16　　CJ20 系列交流接触器接通与分断能力

使用类别	I_e/A	接通				接通与分断（通断）			
		I/I_e	U/U_e	$\cos\varphi$	间隔时间/s	I_c/I_e	U_r/U_e	$\cos\varphi$	f/kHz
AC-4	≤100	12①	1.05	0.45	10	10①	1.05	0.45	$2000I_c \times U_e^{-0.8}$ ±10%
	>100			0.35				0.35	

① 规定 630 在 380V 时的通断电流为 5040A，接通电流为 6300A。

表 1.17　　B 系列交流接触器基本技术参数

型号	极数	被控三相电动机（最大电流/A）/(功率/kW)		380V时接通能力/A	380V时分断能力/A	辅助触头最多数量	机械寿命/万次	电寿命(AC-3)/万次
		～380V	～660V					
B9		8.5/4	3.5/3			5/4	1000	—
B12		11.5/5.5	4.9/4					—
B16		15.5/7.5	6.7/5.5	190	155	5		
B25		22/11	13/11	270	220			
B37		37/18.5	21/18.5	445	370			
B45		44/22	25/22	540	450		500	400
B65		65/33	45/40	780	650			
B85	3 或 4①	85/45	55/50	1020	850			
B105		105/55	82/75	1260	1050	8		
B170		170/90	118/110	2040	1700		300	
B250		245/132	170/160	3000	2500			300
B370		370/200	268/250	4450	3700			
B460		475/250	337/315	5700	4750		—	100

① 当需要主极数为 4 时，需在订货时指明，此时将少一个辅助触头，辅助触头的常开常闭可根据需要进行组合。

（2）交流接触器型号意义。

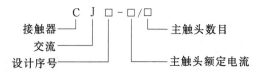

1.3 接触器

2. 直流接触器的主要技术数据、型号

(1) 主要技术数据。常用的直流接触器有 CZ0、CZ18、CZ21、CZ22、CZ5-11 等系列产品。CZ5-11 为联锁接触器，常用于控制电路中。CZ0 系列直流接触器的基本技术参数见表 1.18。

表 1.18　　　　　　　　　CZ0 系列直流接触器的基本技术参数

型 号	额定电压/V	额定电流/A	额定操作频率/(次/h)	主触头板数 常开	主触头板数 常闭	最大分断电流/A	辅助触头形式及数目 常开	辅助触头形式及数目 常闭	吸引线圈电压/V	吸引线圈消耗功率/W
CZ0-40/20	440	40	1200	2	0	160	2	2	24 48 110 220	22
CZ0-40/02		40	600	0	2	100	2	2		24
CZ0-100/10		100	1200	1	0	400	2	2		24
CZ0-100/01		100	600	0	1	250	2	1		24
CZ0-100/20		100	1200	2	0	400	2	2		30
CZ0-150/10		150	1200	1	0	600	2	2		30
CZ0-150/01		150	600	0	1	375	2	1		25
CZ0-150/20		150	1200	2	0	600	2	2		40
CZ0-250/10		250	600	1	0	1000	其中一对为固定常开			31
CZ0-250/20		250	600			1000				40
CZ0-400/10		400	600	1	0	1600				28
CZ0-400/20		400	600	2	0	1600				43
CZ0-600/10		600	600	1	0	2400				50

(2) 直流接触器型号意义。

3. 交流接触器的图形和文字符号

交流接触器的图形和文字符号如图 1.25 所示。

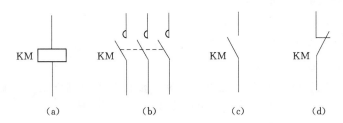

图 1.25　交流接触器的图形与文字符号

(a) 线圈；(b) 主触头；(c) 动合辅助触头；(d) 动断辅助触头

1.3.4 接触器的选择

接触器使用广泛,只有根据不同的使用条件正确选用,才能保证其系统可靠运行,使接触器的技术参数满足控制线路的要求。

1.3.4.1 接触器类别的选择

根据接触器所控制的负载性质和工作任务来选择相应使用类别的直流接触器或交流接触器。常用接触器的使用类别和典型用途见表1.19。生产中广泛使用中小容量的笼型电动机,而且其中大部分电动机负载是一般任务,它相当于 AC-3 使用类别。对于控制机床电动机的接触器,其负载情况比较复杂,既有 AC-3 类的,又有 AC-4 类的,还有 AC-3 类和 AC-4 类混合的负载,这些都属于重任务的范畴。如果负载明显地属于重任务类,则应选用 AC-4 类的接触器。如果负载为一般任务与重任务混合的情况,则应根据实际情况选用 AC-3 类或 AC-4 类接触器,若确定选用 AC-3 类接触器,它的容量应降低一级使用。

表1.19 常用接触器的使用类别和典型用途

电流种类	使用类别代号	典型用途
AC(交流)	AC-1 AC-2 AC-3 AC-4	无感或微感负载,电阻炉,绕线式电动机的启动或中断,笼型电动机的启动和运转中分断,笼型电动机的启动反接制动,反向和点动
DC(直流)	DC-1 DC-2 DC-3	无感和微感负载,电阻炉并励电动机的启动,反接制动,反向和点动串励电动机的启动,反接制动,反向和点动

1.3.4.2 额定电压的选择

接触器的额定电压应不小于所控制线路的电压。

1.3.4.3 额定电流的选择

接触器的额定电流应不小于所控制线路的额定电流。对于电动机负载可按下列经验公式计算:

$$I_c = \frac{P_e}{KU_e}$$

式中 I_c——接触器主触头电流,A;

P_e——电动机额定功率,kW;

U_e——电动机额定电压,V;

K——经验系数,一般取 1~1.4。

接触器的额定电流应大于 I_c,也可查手册,根据技术数据确定。接触器如使用在频繁启动、制动和正反转的场合,则额定电流应降低一个等级使用。

当接触器的使用类别与所控制负载的工作任务不相对应,如使用 AC-3 类的接触器,控制 AC-3 与 AC-4 混合类负载时,需降低电流等级使用。用接触器控制电容器或白炽灯时,由于接通时的冲击电流可达额定电流的几十倍,所以从"接通"方面来考虑宜选用

AC-4类的接触器,若选用AC-3类的接触器,则应降低为70%～80%额定容量来使用。

1.3.4.4 接触器吸引线圈电压的选择

如果控制线路比较简单,所用接触器数量较少,则交流接触器线圈的额定电压一般直接选用380V或220V。如果控制线路比较复杂,使用的电器又比较多,为了安全起见,线圈的额定电压可选稍低一些。例如,交流接触器线圈电压,可选择127V、380V等,这时需要附加一个控制变压器。

直流接触器线圈的额定电压应视控制回路的情况而定。同一系列、同一容量等级的接触器其线圈的额定电压有几种,可以选线圈的额定电压与直流控制电路的电压一致。

1.4 继 电 器

继电器是一种当输入量变化到某一定值时,其触头(或电路)即接通或分断交直流小容量控制回路的自动控制电器。在电气控制领域中,凡是需要逻辑控制的场合,几乎都需要使用继电器,从家用电器到工农业应用,甚至国民经济各个部门。因此,对继电器的需求千差万别,为了满足各种要求,人们研制生产了各种用途、不同型号的继电器。

1.4.1 继电器的分类

继电器的种类繁多,从不同的角度有不同的分类,具体分类见表1.20。

表1.20　继电器的分类

序号	分类方法	种　类
1	使用范围	控制继电器、保护继电器和通信继电器
2	工作原理	电磁式继电器、感应式继电器、热继电器、机械式继电器、电动式继电器和电子式继电器
3	反应的参数(动作信号)	电流继电器、电压继电器、时间继电器、速度继电器和压力继电器
4	按动作时间	瞬时继电器(动作时间小于0.05s)、延时继电器(动作时间大于0.15s)
5	按触头状况	触点继电器、无触点继电器
6	按线圈通入电流的种类	直流操作继电器、交流操作继电器

1.4.2 电磁式继电器

电磁式继电器是以电磁为驱动力的继电器,它是电气设备中用的最多的一种继电器,如电流继电器、电压继电器、中间继电器都属于电磁式继电器。图1.26是电磁式继电器的外形及典型结构,它由铁芯、衔铁、线圈、反力弹簧和触点等部分组成。在这种磁系统中,铁芯7和铁轭为一整体,减少了非工作气隙;极靴8为一圆环,套在铁芯端部;衔铁6制成板状,绕棱角(或绕轴)转动;线圈不通电时,衔铁靠反力弹簧2作用而打开。衔铁上垫有非磁性垫片5。装设不同的线圈后可分别制成电流继电器、电压继电器、中间继电器。

继电器与接触器不同之处在于:继电器一般用于控制电路中,控制小电流电路,触点

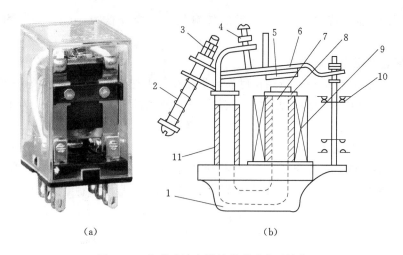

图 1.26 电磁式继电器的外形及典型结构
(a) 外形；(b) 结构
1—底座；2—反力弹簧；3、4—调整螺钉；5—非磁性垫片；6—衔铁；7—铁芯；
8—极靴；9—电磁线圈；10—触点系统；11—阻尼铜套（绝缘材料）

额定电流不大于 5A，不加灭弧装置；接触器一般用于主电路中，控制大电流电路，主触点额定电流不小于 5A，需加灭弧装置。其次，接触器一般只能对电压的变化做出反应，而各种继电器可以在相应的各种电量或非电量作用下动作。

1.4.2.1 电流继电器

1. 作用

电流继电器用以反映线路中电流变化状态。

2. 分类

电流继电器一般可分为欠（零）电流继电器和过电流继电器。

3. 区别及本质特征

电流继电器在使用时线圈应串在线路中，为不影响线路中的正常工作，电流线圈阻抗应小，导线较粗，匝数少，能通过大电流，这是电流继电器的本质特征。欠（零）电流继电器和过电流继电器区别在于它们对电流的数量反应不同，欠（零）电流继电器的吸引电流为线圈额定电流的 30%～65%，释放电流为额定电流的 10%～20%。因此，在电路正常工作时，衔铁是吸合的，只有当电流降低至某一整定值时，继电器释放，输出信号去控制接触器失电，从而控制设备脱离电流，起到保护作用。这种继电器常用于直流电动机和电磁吸盘的失磁保护。过电流继电器在电路正常工作时衔铁不吸合，当电流超过某一整定值时衔铁才吸合上（动作）。于是它的动断触点断开，从而切断接触器线圈电源，使接触器的动合触点断开被测电路，使设备脱离电流，起到保护作用。同时过电流继电器的动合触点闭合进行自锁或接通指示灯，指示发生过电流。过电流继电器整定值的整定范围为 1.1～3.5 倍额定电流。有的过电流继电器发生过电流但不能自动复位，需手动复位，这样可避免重复过电流的事故发生。

根据欠（零）电流继电器和过电流继电器的动作条件可知，欠（零）电流继电器属于长期工作的电器，故应考虑其振动的噪声，应在铁芯中装有短路环，而过电流继电器属于短时工作的电器，不需装短路环。

1.4.2.2 电压继电器

1. 作用

电压继电器用以反应线路中电压变化状态。

2. 分类

电压继电器一般可分为欠（失）电压继电器和过电压继电器。

3. 区别及本质特征

电压继电器在应用时，电压线圈并联在电路中，为使之减小分流，电压线圈导线细，匝数多，电阻大，随着应用场所不同，电压继电器有欠（失）电压及过压继电器之分。其区别在于：欠（失）电压后继电器在正常电压时动作，而当电压过低或消失时，触头复位；过电压继电器是在正常电压下不动作，只有当其线圈两端电压超过其整定值后，其触头才动作，以实现过电压保护。同电流继电器道理相同，欠（失）电压继电器装有短路环，而过电压继电器则不需要短路环。

欠电压继电器是在电压力 40%～70% 额定电压时才动作，对电路实行欠压保护，零电压继电器是当电压降压 5%～25% 额定电压时动作，进行零压保护。过电压继电器是在电压为 105%～120% 额定电压以上动作。具体动作电压的调整根据需要决定。

1.4.2.3 中间继电器

1. 作用

中间继电器在控制线路中起中间传递作用。

2. 本质特征

中间继电器的原理与接触器相同，只是触点系统中无主、辅触点之分，在结构上是一个电压继电器，它的触点数多，触点容量大（额定电流 5～10A），是用来转换控制信号的中间元件。其输入是线圈的通电或断电信号，输出信号为触头的动作。其主要用途是当其他继电器的触点数或触点容量不够时，可借助中间继电器来扩大它们的触点数或触点容量。

3. 构造及原理

常用的中间继电器有 JZ7 和 JZ8 系列两种。JZ7 系列中间继电器的外形结构及符号如图 1.27 所示。由电磁机构（线圈、衔铁、铁芯）和触头系统（触头和复位弹簧）构成，其线圈为电压线圈，当线圈通电后，铁芯被磁化为电磁铁，产生电磁吸力，当吸力大于反力弹簧的弹力时，将衔铁吸引，带动其触头动作，当线圈失电后，在弹簧作用下触头复位，可见也应考虑其振动和噪声，所以铁芯中装有短路环。

4. 型号意义

中间继电器的型号意义如下：

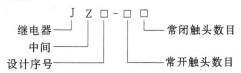

第1章 电气控制基础

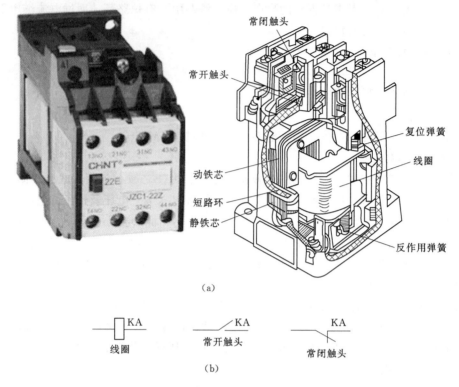

图1.27 JZ7系列中间继电器的外形结构及符号
(a) 外形结构；(b) 符号

5. 中间继电器的选择

中间继电器的选择主要是根据被控制电路的电压等级，同时还应考虑触点的数量、种类及容量，以满足控制线路的要求。JZ7系列中间继电器的技术数据见表1.21。

表1.21　　　　　　　　JZ7系列中间继电器的技术数据

型号	触头额定电压/V		触头额定电流/A	触头数量		额定操作频率/(次/h)	吸引线圈电压/V		吸引线圈消耗功率/VA	
	直流	交流		常开	常闭		50Hz	60Hz	启动	吸持
JZ7-44	440	500	5	4	4	1200	12, 24, 36, 48, 110, 127, 220, 380, 420, 440, 500	12, 36, 110, 127, 220, 380, 440	75	12
JZ7-62	440	500	5	6	2	1200			75	12
JZ7-80	440	500	5	8	0	1200			75	12

1.4.2.4 直流电磁式继电器

图1.28为JT3系列直流电磁式继电器的结构示意图，主要由电磁机构和触头系统构成，磁路由软铜制成的U形静铁芯和板状衔铁组成，静铁芯和铝制的基底浇铸成一体，板状衔铁装在U形静铁芯上，能绕支点转动，在不通电情况下，借反作用弹簧的反弹力使衔铁打开，触头采用标准化触头架，触头架连接在衔铁支件上，当衔铁动作时，带动触

头动作，JT3 系列继电器配以电压线圈，便成了 JT3A 型电压继电器，配以电流线圈，便成了 JT3L 型欠电流继电器。

1.4.2.5 电磁式继电器的特性

继电器的主要特性是输入-输出特性，称为继电器的继电特性，电磁式继电器的继电特性曲线如图 1.29 所示，从图中可以看出，继电器的继电特性为跳跃式的回环特性。其中 X 表示输入量，Y 表示输出量。当输入量 X 从零开始增加时，在 $X<X_f$ 时，输出量 Y 等于零；在 $X \geqslant X_x$ 时，衔铁吸合，输出量为 Y_1。当输入量 X 减小时，使得 $X \leqslant X_f$ 时，衔铁释放，触头断开，输出量 Y 等于零。其中 X_x 为继电器的吸合值（即动作值），X_f 为继电器的释放值（即返回值），它们均为继电器的动作参数，可根据使用要求进行整定。

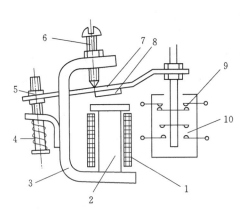

图 1.28 JT3 系列直流电磁式继电器结构示意图
1—线圈；2—铁芯；3—磁轭；4—弹簧；5—调节螺母；
6—调节螺钉；7—衔铁；8—非磁性垫片；
9—常闭触头；10—常开触头

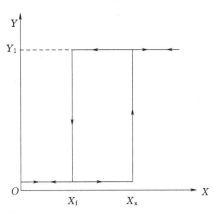

图 1.29 电磁式继电器的继电特性曲线

一般情况下，吸合值 X_x 与释放值 X_f 不相等，且 $X_x > X_f$，即继电器的输入-输出特性具有一个回环，通常称为继电环，该特性称为继电特性；当吸合值 X_x 与释放值 X_f 相等时，则称为理想继电特性。

X_f 与 X_x 的比值称为返回系数，用 K 表示，即 $K=X_f/X_x$，返回系数是继电器的重要参数之一。

1.4.2.6 电磁式继电器的主要参数

1. 额定参数

(1) 额定电压（电流）指继电器线圈电压（电流）的额定值，用 $U_e(I_e)$ 表示。

(2) 吸合电压（电流）指使继电器衔铁开始运动时线圈的电压（电流）值。

(3) 释放电压（电流）指衔铁开始返回动作时，线圈的电压（电流）值。

2. 灵敏度

使继电器动作的最小功率称为继电器的灵敏度。因此，当比较继电器的灵敏度时，应以动作功率为准。

3. 返回系数

如前所述，返回系数为复归电压（电流）与动作电压（电流）之比。不同用途的继电器，要求有不同的返回系数。如控制用继电器，其返回系数一般要求在0.4以下，以避免电源电压短时间的降低而自行释放；对保护用继电器，则要求较高的返回系数（0.6以上），使之能反映较小输入量的波动范围。

4. 接触电阻

接触电阻指从继电器引出端测得的一组闭合触点间的电阻值。

5. 整定值

根据控制系统的要求，预先使继电器达到某一个吸合值或释放值，吸合值（电压或电流）或释放值（电压或电流）就称为整定值。

6. 触点的开闭能力

继电器触点的开闭能力与负载特性、电流种类和触点的结构有关。

7. 吸合时间和释放时间

吸合时间是从线圈接收电信号到衔铁完全吸合所需的时间；释放时间是线圈失电到衔铁完全释放所需的时间。它们的大小影响继电器的操作频率。一般继电器的吸合时间和释放时间为0.05~0.15s，快速继电器可达0.005~0.05s。

8. 寿命

寿命指继电器在规定的环境条件和触点负载下，按产品技术要求能够正常动作的最少次数。

1.4.2.7 电磁式继电器的整定

继电器的吸动值和释放值可以根据保护要求在一定范围内加以调整，现以直流电磁式继电器为例予以说明。

1. 调紧弹簧的松紧程度

弹簧收紧，反作用力增大，则吸引电流（电压）和释放电流（电压）就越大，反之就越小。

2. 改变非磁性垫片的厚度

非磁性垫片越厚，衔铁吸合后磁路的气隙和磁阻就越大，释放电流（电压）就越大，反之就越小，而吸引值不变。

3. 改变初始气隙的大小

在反作用弹簧力和非磁性垫片厚度一定时，初始气隙越大，吸引电流（电压）就越大，反之就越小，而释放值不变。

1.4.2.8 电磁式继电器型号编制方法及图形文字符号

1. 型号编制方法

型号编制方法如下：

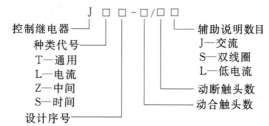

2. 继电器的图形和文字符号

如图 1.30 所示，电流继电器的文字符号为 KA，电压继电器的文字符号为 KV，中间继电器的文字符号为 KA。电流、电压继电器的触头图形符号相同，文字符号为各自的符号。

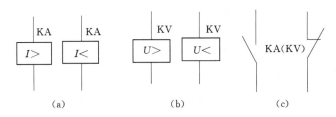

图 1.30　电磁式电流（电压）继电器符号
（a）电流继电器线圈；（b）电压继电器线圈；（c）电流（电压）继电器触头

1.4.2.9　电磁式控制继电器的选用

控制继电器主要按其被控制或被保护对象的工作特性来选择使用。电磁式继电器选用时，除线圈电压或线圈电流应满足要求外，还应按被控制对象的电压、电流和负载性质及要求来选择。如果控制电流超过继电器的额定电流，在需要提高分断能力时（一定范围内）可用触头串联方法，但触头有效数量将减少。

电流继电器的特性有瞬时动作特性、反时限动作特性等，可按不同要求选取。

1.4.3　时间继电器

时间继电器在电路中起着控制动作时间的作用。当它的感测系统接收输入信号以后，需经过一定的时间，它的执行系统才会动作并输出信号，进而操纵控制电路。所以说时间继电器具有延时的功能。它被广泛用来控制生产过程中按时间原则制定的工艺程序；如笼型异步电动机的几种降压启动均可由时间继电器发出自动转换信号，应用场合很多。

1.4.3.1　时间继电器的分类

1. 按构造原理分

电气式 { 电磁式（电磁阻尼式） / 电动机式 / 电子式（又分阻容式和数字式） }

机械式 { 气体（空气）阻尼式 / 油阻尼式 / 水银式 / 钟表式 / 热双金属片式 }

2. 按延时方式分

时间继电器可分为通电延时型、断电延时型和带瞬动触点的通电延时型等。

1.4.3.2　常用时间继电器

1. 直流电磁式时间继电器

电磁式时间继电器一般在直流电气控制电路中应用较广，只能直流断电延时动作。它的结构是在图 1.26 U 形静铁芯 7 的另一柱上装上阻尼铜套 11，即构成时间继电器。其工作原理是，当线圈 9 断电后，通过铁芯 7 的磁通要迅速减少，由于电磁感应，在阻尼铜套 11 内产生感应电流。根据电磁感应定律，感应电流产生的磁场总是阻碍原磁场的减弱，使铁芯继续吸持衔铁一小段时间，达到延时的目的。电磁式时间继电器的优点是结构简单、运行可靠、寿命长，但延时时间短。

直流电磁式时间继电器延时的调整：

（1）改变非磁性垫片的厚度，即改变剩磁大小，得到不同延时。垫片薄，剩磁大，延长时；垫片厚，剩磁小，延时短。

（2）改变弹簧的松紧：释放弹簧松，反力减小，延时长；释放弹簧紧，反力作用强，延时短。

直流电磁式时间继电器 JT3 系列的技术数据见表 1.22。

表 1.22　　　　　　直流电磁式时间继电器 JT3 系列的技术数据

型　号	吸引线圈电压 /V	触点组合及数量（常开、常闭）	延时 /s
JT3-□□/1	12，24，48，110，220，440	11，02，20，03，12，21，04，40，22，13，31，30	0.3～0.9
JT3-□□/3			0.8～3.0
JT3-□□/5			2.5～5.0

注　型号 JT3-□□后面的 1、3、5 表示延时类型（1s、3s、5s）。

2. 空气阻尼式时间继电器

空气阻尼式时间继电器是利用空气阻尼作用获得延时的，线圈电压为交流，因交流继电器不能像直流继电器那样依靠断电后磁阻尼延时，因而采用空气阻尼式延时。它分为通电延时和断电延时两种类型。图 1.31（a）为通电延时型时间继电器，当线圈通电后，铁

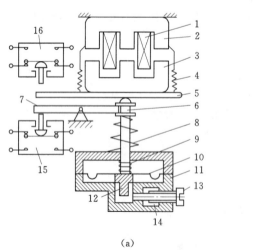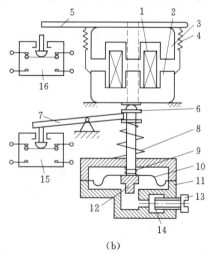

图 1.31　JS7-A 系列时间继电器动作原理
(a) 通电延时型；(b) 断电延时型

1—线圈；2—铁芯；3—衔铁；4—复位弹簧；5—推板；6—活塞杆；7—杠杆；8—塔形弹簧；9—弱弹簧；
10—橡皮膜；11—空气室壁；12—活塞；13—调节螺杆；14—进气孔；15、16—微动开关

芯 2 将衔铁 3 吸合，同时推板 5 使微动开关 16 立即动作。活塞杆 6 在塔形弹簧 8 的作用下，带动活塞 12 及橡皮膜 10 向上移动，由于橡皮膜下方气室空气稀薄，形成负压，因此活塞杆 6 不能迅速上移。当空气由进气孔 14 进入时，活塞杆才逐渐上移。移到最上端时，杠杆 7 才使微动开关 15 动作。延时时间即为自由磁铁吸引线圈通电时刻起到微动开关 15 动作为止的这段时间。通过调节螺杆 13 来改变气孔的大小，就可以调节延时时间。当线圈 1 断电时，衔铁 3 在复位弹簧 4 的作用下，将活塞 12 推向最下端。因活塞被往下推时，橡皮膜下方气室内的空气，都通过橡皮膜 10、弱弹簧 9 和活塞 12 肩部所形成的单向阀，经上气室缝隙顺利排掉，因此延时与不延时的微动开关 15 与 16 都能迅速复位。

将电磁机构翻转 180°安装后，可得到图 1.31（b）所示的断电延时型时间继电器。它的工作原理与通电延时型相似，微动开关 15 是在吸引线圈断电后延时工作的。

空气阻尼式时间继电器的优点是结构简单，寿命长，价格低，还附有不延时的触点，所以应用较为广泛。缺点是准确度低，延时误差大（±10％～±20％），在要求延时精度高的场合不宜使用。

JS7－A 系列空气阻尼式时间继电器的技术数据见表 1.23。

表 1.23　　　　JS7－A 系列空气阻尼式时间继电器的技术数据

型号	吸引线圈电压/V	触点额定电压/V	触点额定电流/A	延时范围/s	延时触点				瞬动触点	
					通电延时		断电延时		常开	常闭
					常开	常闭	常开	常闭		
JS7－1A	24，36，110，127，220，380，420	380	5	均有 0.4～60 和 0.4～180 两种产品	1	1				
JS7－2A					1	1			1	1
JS7－3A							1	1		
JS7－4A							1	1	1	1

注　型号 JS7 后面的 1A～4A 是区别通电延时还是断电延时以及带瞬动触点。

3. 电子式时间继电器

电子式时间继电器按其构成可分为晶体管式时间继电器和数字式时间继电器。多用于电力传动、自动顺序控制及各种过程控制系统中。它的优点是延时范围宽、精度高、体积小、工作可靠。

（1）晶体管式时间继电器。晶体管式时间继电器是从 RC 电路电容充电时，电容器上的电压逐步上升的原理为延时基础。具有代表性的是 JS20 系列时间继电器。JS20 所采用的电路分为两类：一类是单结晶体管电路；另一类是场效应管电路，并且有断电延时、通电延时和带瞬动触点延时三种形式。

（2）数字式时间继电器。RC 晶体管时间继电器是利用 R、C 充放电原理制成的。由于受延时原理的限制，不容易做成长延时，且延时精度易受电压、温度的影响，精度较低，延时过程也不能显示，因而影响了它的使用。随着半导体技术，特别是集成电路技术的进一步发展，采用新延时原理的时间继电器——数字式时间继电器便产生了，各种性能指标也有很大提高，最先进数字式时间继电器内部装有微处理器。

4. 时间继电器的型号及符号

型号意义如下：

如图1.32所示为电子式时间继电器和各种类型触头线圈的图形符号,文字符号为KT。

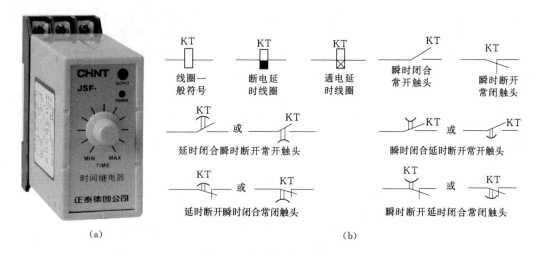

图1.32 电子式时间继电器
(a) 外形;(b) 图形和文字符号

1.4.3.3 时间继电器的选择

时间继电器形式多样,各具特点,选择时应从以下几方面考虑:
(1) 根据控制线路的要求选择延时方式,即通电延时型或断电延时型。
(2) 根据延时准确度要求和延时长短要求来选择。
(3) 根据使用场合、工作环境选择合适的时间继电器。

1.4.4 热继电器

热继电器是一种保护用继电器。电动机在运行中,随着负载的变化,常遇到过载情况,而电动机本身有一定的过载能力,若过载不大,电机绕组不超过允许的温升,这种过载是允许的。但是过载时间过长,绕组温升超过了允许值,将会加剧绕组绝缘的老化,降低电动机的使用寿命,严重时会使电动机绕组烧毁。为了充分发挥电动机的过载能力,保证电动机的正常启动及运转,在电动机发生较长时间过载时能自动切断电路,防止电动机过热而烧毁,为此采用了这种能随过载程度而改变动作时间的热保护设备即热继电器。

1.4.4.1 分类

热继电器按相数来分,有单相、两相和三相三种类型,每种类型按发热元件的额定电流又有不同的规格和型号。三相式热继电器常用作三相交流电动机的过载保护电器。按职能来分,三相式热继电器又有不带断相保护和带断相保护两种类型。热继电器是利用热效应的工作原理来工作的,因此,按发热元件又分为双金属片式、热敏电阻式和易熔合金式。

1.4.4.2 构造与工作原理

1. 构造

热继电器主要由复位按钮、热元件（双金属片）、常闭触头和动作机构等部分组成，如图1.33所示。

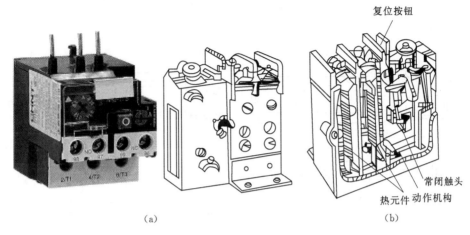

图1.33 热继电器的外形和内容构造
(a) 外部形状；(b) 内部构造

发热元件串接于电动机电路中，使之直接反应电动机的过载电流。作为热继电器感测元件的双金属片，是将两种线膨胀系数不同的金属以机械辗压方式使之形成一体。膨胀系数大的称为主动层，膨胀系数小的称为被动层。双金属片受热后产生线膨胀，由于两层金属的线膨胀系数不同，且两层金属又紧密地贴合在一起，使得双金属片向被动层一侧弯曲，如图1.34所示。由双金属片弯曲产生的机械力便带动触点动作。

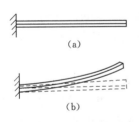

图1.34 双金属片工作原理
(a) 受热前；(b) 受热后

双金属片的受热方式有直接受热式、间接受热式、复合受热式和电流互感器受热式四种，如图1.35所示。直接受热式是将双金属片当作发热元件，让电流直接通过它；间接受热式的发热元件由电阻丝或带制成，绕在双金属片上且与双金属片绝缘；复合受热式介于上述两种方式之间；电流互感器受热式的发热元件不直接串接于电动机电路，而是接于电流互感器的二次侧，这种方式多用于电动机电流比较大的场合，以减少通过发热元件的电流。

2. 工作原理

热继电器的结构原理如图1.36所示，其工作原理如下所述。

（1）电机正常运行时的工作情况。正常使用时，双金属片与加热元件串接接入被保护电路中。当电机在额定电流下运行时，发热元件及双金属片中通过额定电流，依靠自身产生的热量，使双金属片略有弯曲。热继电器触头仍处于常闭状态，不影响电路的正常工作，可以说此时热继电器不起任何作用，仅相当导线。

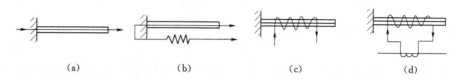

图 1.35　双金属片的受热方式

(a) 直接受热式；(b) 间接受热式；(c) 复合受热式；(d) 电流互感器受热式

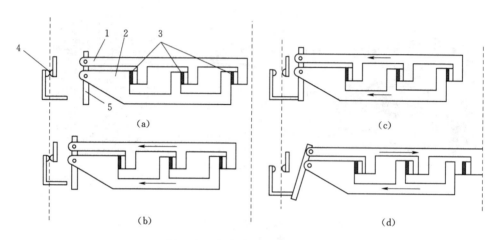

图 1.36　带断相保护的热继电器

(a) 通电前；(b) 三相正常通电；(c) 三相均过载；(d) L_1 相断线

1—上导板；2—下导板；3—双金属片；4—动断触头；5—杠杆

(2) 电机过载时的工作情况。发生过载时，电动机流过一定的过载电流并经一定时间后，流过发热元件与双金属片的电流增加，发热量增加，双金属片受热，进一步弯曲，甚至带动触头动作。触头动作后，通过控制电路切断主回路，双金属片逐渐冷却伸直，热继电器触头自动复位。手动复位式热继电器需按下复位按钮才能复位。

(3) 断相保护。若三相中有一相断线而出现过载电流，则因为断线那一相的双金属片不弯曲而使热电器不能及时动作，有时甚至不动作，故不能起到保护作用。这时就需要使用带断相保护的热继电器，如图 1.36 中剖面 3 为双金属片，虚线表示动作位置。图 1.36 (a) 为断电时的位置。当电流为额定值时，三个热元件正常发热，其端部均向左弯曲推动上、下导板同时左移，但达不到动作位置，继电器不会动作，如图 1.36 (b) 所示。当电流过载达到整定值时，双金属片弯曲较大，把导板和杠杆推到动作位置，继电器动作，使动断触点立即打开，如图 1.36 (c) 所示。

当一相（设 L_1 相）断路时 L_1 相（右侧）的双金属片逐渐冷却降温，其端部向右移动，推动上导板向右移动；而另外两相双金属片温度上升，使端部向左移动，推动下导板继续向左移动，产生差动作用，使杠杆扭转，继电器动作，起到断相保护作用，如图 1.36 (d) 所示。

(4) 有关问题的讨论。

1) 关于热继电器动作后的复位。其复位方式有两种形式：一种称自动复位；另一种称手动复位。

自动复位：电源切断后，热继电器开始冷却，经过一段时间后，主双金属片恢复原状，于是触头在弹簧作用下自动复位。

手动复位：只有按下复位按钮触头才能复位。这在某些要求故障未被消除而防止电动机自行启动的场合是必需的。

2) 热继电器的整定电流。就是使热继电器长时间不动作时的最大电流，通过热继电器的电流超过整定电流时，热继电器就立即动作。热继电器上方有一凸轮，它是调整整定电流的旋钮（整定钮），其上刻有整定电流的数值。根据需要调节整定电流时，旋转此旋钮，使凸轮压迫固定温度补偿臂和推杆的支承杆左右移动，当使支承杆左移时，会使推杆与连接动触点的杠杆间隙变大，增大了导板动作行程，这就使热继电器热元件动作电流增大，反之会使动作电流变小。所以旋动整定钮，调节推杆与动触头之间的间隙，就可方便地调节热继电器的整定电流。一般情况下，当过载电流超过整定电流的1.2倍时，热继电器就会开始动作。过载电流越大，热继电器动作时间越快。过载电流大小与动作时间有关。

1.4.4.3 热继电器的型号、符号及应用

1. 型号意义

型号意义如下：

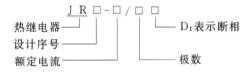

例如：JR16-60/3D表示热继电器，设计序号是16，额定电流是60A，3极，热元件有4个等级（22.0~63A），带断相保护。

2. 热继电器的符号

热继电器的符号如图1.37所示。

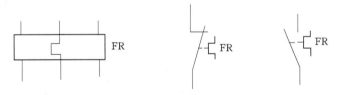

图1.37 热继电器的符号

3. 热继电器的应用

根据热继电器是否带断相保护，热继电器接入电路的接法也不尽相同。常用接法如图1.38所示。

热继电器的过载保护如图1.39所示。

1.4.4.4 热继电器的主要技术数据

热继电器的主要技术参数为额定电压、额定电流、相数、热元件的编号、整定电流及

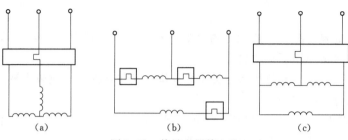

图 1.38 热继电器接入法
(a) 星接后接入;(b) 分别接入;(c) 角接后接入

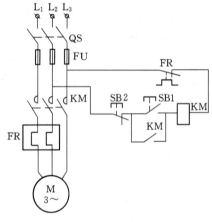

图 1.39 热继电器的过载保护

刻度电流调整范围等。

热继电器的额定电流是指可能装入的热元件的最大整定(额定)电流值。每种额定电流的热继电器可装入几种不同整定电流的热元件。为了便于用户选择,某些型号中的不同整定电流的热元件是用不同的编号表示的。

热继电器的整定电流是指热元件能够长期通过而不致引起热继电器动作的电流值。手动调节整定电流的范围,称为刻度电流调节范围,可用来使热继电器具有更好的过载保护。

常用的热继电器的型号有 JR0、JR2、JR16、JR20 及 T 等系列,JR16 系列热继电器的技术数据见表 1.24。

表 1.24　　　　　JR16 系列热继电器的技术数据

型 号	热继电器额定电流/A	发热元件规格			连接导线规格
		编号	额定电流/A	刻度电流调整范围/A	
JR16-20/3 JR16-20/3D	20	1	0.35	0.25~0.3~0.35	4mm² 单股塑料铜线
		2	0.5	0.32~0.4~0.5	
		3	0.72	0.45~0.6~0.72	
		4	1.1	0.68~0.9~1.1	
		5	1.6	1.0~1.3~1.6	
		6	2.4	1.5~2.0~2.4	
		7	3.5	2.2~2.8~3.5	
		8	5.0	3.2~4.0~5.0	
		9	7.2	4.5~6.0~7.2	
		10	11.0	6.8~9.0~11.0	
		11	16.0	10.0~13.0~16.0	
		12	22.0	14.0~18.0~22.0	

续表

型　号	热继电器额定电流/A	发热元件规格			连接导线规格
		编号	额定电流/A	刻度电流调整范围/A	
JR16-60/3 JR16-60/3D	60	13	22.0	14.0～18.0～22.0	16mm² 多股铜心橡皮软线
		14	32.0	20.0～26.0～32.0	
		15	45.0	28.0～36.0～45.0	
		16	63.0	40.0～50.0～63.0	
JR16-150/3 JR16-150/3D	150	17	63.0	40.0～50.0～63.0	35mm² 多股铜心橡皮软线
		18	85.0	53.0～70.0～85.0	
		19	120.0	75.0～100.0～120.0	
		20	160.0	100.0～130.0～160.0	

1.4.4.5 热继电器的保护特性及选择

1. 保护特性

热继电器的保护特性即电流-时间特性，也称安秒特性。为了适应电动机的过载特性而又起到过载保护作用，要求热继电器具有如同电动机过载特性那样的反时限特性。电动机的过载特性和热继电器的保护特性如图 1.40 所示。

因各种误差的影响，电动机的过载特性和热继电器的保护特性都不是一条曲线，而是一条曲线带。误差越大，曲线带越宽；误差越小，曲线带越窄。由图 1.40 可以看出，在允许升温条件下，当电动机过载电流小时，允许电动机通电时

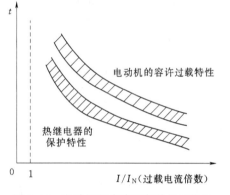

图 1.40　电动机的容许过载特性和热继电器的保护特性（I_N 额定电流）

间长些，反之，允许通电时间要短。为了充分发挥电动机的过载能力又能实现可靠保护，要求热继电器的保护特性应在电动机的过载特性的邻近下方。这样，如果发生过载，热继电器就会在电动机未达到其允许过载极限时间之前动作，切断电源，使之免遭损坏。

2. 选择

热继电器的选择是否合理，直接影响着对电动机进行过载保护的可靠性。通常选用时应按电动机形式、工作环境、启动情况及负荷情况等几方面综合加以考虑。

（1）原则上热继电器的额定电流应按电动机的额定电流选择。对于过载能力较差的电动机，其配用的热继电器（主要是发热元件）的额定电流可适当小些。一般选取热继电器额定电流（实际上是发热元件的额定电流）为电动机额定电流的 60%～80%。

（2）在非频繁启动的场合，必须保证热继电器在电动机的启动过程中不致误动作。通常，在电动机启动电流为额定电流 6 倍，以及启动时间不超过 6s 的情况下，只要是很少连续启动，就可按电动机的额定电流来选择热继电器。

（3）断相保护用热继电器的选用：对星形接法的电动机，一般采用两相结构的热继电器。对于三角形接法的电动机，若热继电器的热元件接于电动机的每相绕组中，则选用三

相结构的热继电器,若发热元件接于三角形接线电动机的电源进线中,则应选择带断相保护装置的三相结构热继电器。

(4) 对比较重要的,容量大的电动机,可考虑选用半导体温度继电器进行保护。

1.4.4.6 使用时的注意事项

(1) 热继电器应按产品说明书规定方式安装。当同其他电器安装在同一装置上时,为了防止其动作特性受其他电器发热的影响,热继电器应安装在其他电器的下方。

(2) 热继电器的出线端的连接导线应为铜线,JR16 应按表 1.24 的规定选用。若用铝线,导线截面应放大 1.8 倍。另外,为了保证保护特性稳定,出线端螺钉应拧紧。

(3) 热继电器的发热元件不同的编号都有一定的电流整定范围,选用时应使发热元件的电流与电动机的电流相适应,然后根据实际情况作适当调整。

(4) 要保持热继电器清洁,定期清除污垢、尘埃。双金属片有锈斑时应用棉布蘸上汽油轻轻擦拭,不得用砂纸打磨。

(5) 为了保护已调整好的配合状况,热继电器和电动机的周围介质温度应保持相同,以防止热继电器的动作延迟或提前。

(6) 热继电器必须每年通电校验一次,以保证可靠保护。

1.4.5 继电器的应用与主要作用

继电器是具有隔离功能的自动开关元件,广泛应用于遥控、遥测、通信、自动控制、机电一体化及电力电子设备中,是最重要的控制元件之一。作为控制元件,概括起来,继电器有如下作用:

(1) 扩大控制范围。例如,多触点继电器控制信号达到某一定值时,可以按触点组不同形式,同时换接、开断、接通多路电路。

(2) 放大。例如,灵敏型继电器、中间继电器用一个很微小的控制量可以控制很大功率的电路。

(3) 综合信号。例如,当多个控制信号按规定的形式输入多绕组继电器时,经过对多个控制信号的综合比较,达到预定的控制效果。

(4) 自动、遥控、监测。例如,自动装置上的继电器与其他继电器一起可以组成程序控制线路,从而实现自动化运行。

1.5 熔 断 器

熔断器是一种最简单的保护电器,它可以实现对配电线路的过载和短路保护。由于结构简单、体积小、重量轻、价格低廉、维护简单,所以在强弱电系统中都有较为广泛的应用。

1.5.1 熔断器的原理及特性

1.5.1.1 熔断器的类型及特性

熔断器大致可分为插入式熔断器、螺旋式熔断器、封闭式熔断器、快速熔断器、管式熔断器、高分断力熔断器等。

1. 插入式熔断器（俗称瓷插）

插入式熔断器由装有熔丝的瓷盖和用来连接导线的瓷座组成，适用于电压为380V及以下电压等级的线路末端，作为配电支线或电气设备的短路保护用。

2. 螺旋式熔断器

螺旋式熔断器由瓷帽、瓷座和熔体组成，瓷帽沿螺纹拧入瓷座中。熔体内填石英砂，故分断电流较大，可用于电压等级500V及其以下，电流等级200A以下的电路中，作为短路保护用。

3. 封闭式熔断器

封闭式熔断器分有填料熔断器和无填料熔断器两种。有填料熔断器一般用方形瓷管，内装石英砂及熔体，分断能力强，用于电压等级500V以下、电流等级1kA以下的电路中。而无填料密闭式熔断器将熔体装入密闭式圆筒中，分断能力稍小，用于电压等级500V以下、电流等级600A以下的电路中。

4. 快速熔断器

快速熔断器多用作硅半导体器件的过载保护，分断能力大，分断速度快。而自复式熔断器则是用低熔点金属制成，短路时依靠自身产生的热量使金属汽化，从而大大增加导通时的电阻，阻塞了导通电路。限流线与自复式熔断器相类似，也可反复使用，但不能完全切断电路，故需与自动开关配合使用。

5. 管式熔断器

管式熔断器为装有熔体的玻璃管，两端封以金属帽，外加底座构成。这类熔断器体积较小，常用于电子线路及二次回路中。

6. 高分断力熔断器

高分断力熔断器在分断大的短路电流时，通常在短路电流尚未达到最大值之前就能将电弧熄灭。在分断电流整个过程中，无声光现象，也无电离气体喷出，分断能力高，广泛用于户内高压和低压配电装置中。

1.5.1.2 熔断器的结构及原理

熔断器主要由熔体和安装熔体的熔管或熔座两部分组成。其中熔体是主要部分，它既是感受元件又是执行元件。熔体可做成丝状、片状、带状或笼状。其材料有两类：一类为低熔点材料，如铅、锌、锡及铅锡合金等；另一类为高熔点材料，如银、铜、铝等。熔断器接入电路时，熔体是串接在被保护电路中的。熔管是熔体的保护外壳，可做成封闭式或半封闭式，其材料一般为陶瓷、绝缘钢纸或玻璃纤维。

熔断器熔体中的电流为熔体的额定电流时，熔体长期不熔断；当电路发生严重过载时，熔体在较短时间内熔断；当电路发生短路时，熔体能在瞬间熔断。熔体的这个特性称为反时限保护特性。即电流为额定值时长期不熔断，过载电流或短路电流越大，熔断时间就越短。电流与熔断时间的关系曲线称为安秒特性，如图1.41所示。

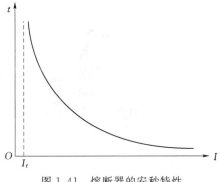

图1.41 熔断器的安秒特性

由于熔断器对过载反应不灵敏,所以不宜用于过载保护,主要用于短路保护。图 1.41 中的电流 I_r 为最小熔化电流。当通过熔体的电流等于或大于 I_r 时,熔体熔断;当通过的电流小于 I_r 时,熔体不能熔断。根据对熔断器的要求,熔体在额定电流 I_N 时,绝对不应熔断,即 $I_r > I_N$。

1.5.1.3 熔断器的技术参数

1. 额定电压

熔断器的额定电压指熔断器长期工作时和分断后能够承受的电压,它取决于线路的额定电压,其值一般不小于电气设备的额定电压。

2. 额定电流

熔断器的额定电流指熔断器长期工作时,各部件温升不超过规定值时所能承受的电流。熔断器的额定电流等级比较少,而熔体的额定电流等级比较多,即在一个额定电流等级的熔断管内可以分装不同额定电流等级的熔体。

3. 极限分断能力

极限分断能力指熔断器在规定的额定电压和功率因数(或时间常数)的条件下,能分断的最大短路电流值。在电路中出现的最大电流值一般指短路电流值。所以,极限分断能力也反映了熔断器分断短路电流的能力。

4. 安秒特性

安秒特性也称保护特性,它表征了流过熔体的电流大小与熔断时间关系,熔断器安秒特性数值关系见表 1.25。

表 1.25　　　　　　　　　　熔断器安秒特性数值关系

熔断电流	$(1.25\sim1.30)I_N$	$1.6I_N$	$2I_N$	$2.5I_N$	$3I_N$	$4I_N$
熔断时间	∞	1h	40s	8s	4.5s	2.5s

1.5.2 常见熔断器

1.5.2.1 插入式熔断器

1. 外形结构及作用

插入式熔断器有 RC1A 系列,其外形结构如图 1.42 所示。RC1A 系列熔断器结构简单,使用广泛,主要应用于照明和小容量电动机保护。

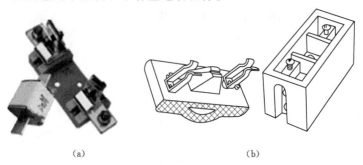

(a)　　　　　　　　　　(b)

图 1.42　插入式熔断器
(a)外观;(b)结构

1.5 熔断器

2. 符号及型号意义

熔断器的文字符号和图形符号如图 1.43 所示。

型号意义如下：

```
        R  C  1  A - 100
熔断器 ──┘  │  │  │    └── 额定电流100A
插入式 ─────┘  │  └────── 设计序号，A表示改型设计
```

图 1.43 熔断器的文字符号和图形符号

1.5.2.2 螺旋式熔断器

1. 构造

螺旋式熔断器有 RL1 和 RL2 系列。RL1 系列螺旋式熔断器外形结构如图 1.44 所示。

2. 技术数据

其基本技术数据见表 1.26。

3. 特点

RL1 系列螺旋式熔断器断流能力大，体积小，更换熔丝容易，使用安全可靠，并带有熔断显示装置。

4. 型号意义

型号意义如下：

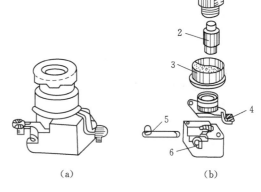

图 1.44 RL1 系列螺旋式熔断器
（a）外形；（b）构造
1—瓷帽；2—熔断管；3—瓷套；4—上接线端；
5—下接线端；6—底座

1.5.2.3 管式熔断器

管式熔断器分为无填料封闭式和有填料封闭式两种，其外形结构如图 1.45 所示。

表 1.26　　　　　　螺旋式熔断器基本技术数据

类别	型号	额定电压/V	额定电流/A	熔体额定电流等级/A
螺旋式熔断器	RL1	500	15	2，4，5，6，10，15
			60	20，25，30，35，40，50，60
			100	60，80，100
			200	100，125，150，200
	RL2	500	25	2，4，6，10，15，20，25
			60	25，35，50，60
			100	80，100

1. 无填料封闭式熔断器

（1）特点。无填料封闭式熔断器为 RM10 系列。RM10 系列熔断器为可拆卸式，具有结构简单、更换方便的特点。

（2）RM10 系列熔断器的技术数据。RM10 系列熔断器的技术数据见表 1.27。

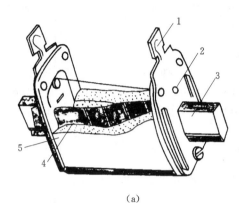  

(a) (b)

图 1.45 熔断体结构

(a) 结构；(b) 外观

1—盖板；2—指示器；3—触角；4—熔体；5—熔管

表 1.27　　　　　　　　RM10 系列熔断器的技术数据

熔断额定电流 /A	断流容量/A	
	额定电压为 250V 及 500V（直流和交流 50Hz）	额定电压为 250V 熔断器装地额定电压为 380V50Hz 交流回路上时
60	3500	3000
100	10000	6000
200	10000	6000
350	1200	—

RM10 系列熔断器的熔断管在触座插拔次数在 350A 及以下的为 500 次，350A 以上的为 300 次。

(3) 型号意义如下：

```
            R M 10 - 100
熔断器 ──┘ │  │     └── 额定电流 100A
封闭式 ────┘  └────── 设计序号
```

2. 有填料封闭管式熔断器

(1) 特点。有填料封闭管式熔断器为 RT0 系列。该系列具有耐热性强，机械强度高等优点。熔断器内充满石英砂填料，石英砂主要用来冷却电弧，使产生的电弧迅速熄灭。

(2) 主要技术数据。RT0 系列熔断器的主要技术数据见表 1.28。

(3) 型号意义。

型号意义如下：

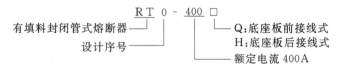

表 1.28　　　　　　　　　　RT0 系列熔断器的主要技术数据

额定电流 /A	熔体额定电流 /A	极限分断能力/kA		回路参数	
		交流 380V	直流 440V	交流 380V	直流 440V
50	5，10，15，20，30，40，50	50 (有效值)	25	$\cos\varphi=$ 0.1~0.2	$T=$ 1.5~20ms
100	30，40，50，60，80，100				
200	80*，100*，120，150，200				
400	150*				
600	200，250，300，350，400				
1000	350*，400*， 450，500，550，600， 700，800，900，1000				

* 电压为 380V、220V 时，熔体需两片并联使用。

有填料封闭管式熔断器还有 RT10 和 RT11 系列。

1.5.3　熔断器的选择

熔断器是一种最简单有效的保护电器。有各种不同的外形和特点，如图 1.46 所示。在使用时，串接在所保护的电路中，作为电路及用电设备的短路和严重过载保护，主要用作短路保护。熔断器的选择主要从以下几个方面考虑。

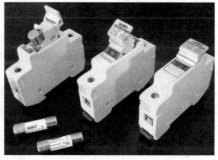

图 1.46　常见熔断器

1.5.3.1 类型选择

其类型应根据线路要求、使用场合和安装条件选择。

1.5.3.2 额定电压的选择

其额定电压应不小于线路的工作电压。

1.5.3.3 额定电流的选择

其额定电流必须不小于所装熔体的额定电流。

1.5.3.4 熔体额定电流的选择

熔体额定电流可按以下几种情况选择：

(1) 对于电炉照明等阻性负载的短路保护应使熔体的额定电流不小于电路的工作电流即 $I_{fv} \geqslant I$，其中 I_{fv} 为熔体额定电流，I 为电路的工作电流。

(2) 保护一台电动机时，考虑到电动机启动冲击电流的影响应按 $I_{fv} \geqslant (1.5 \sim 2.5) I_N$ 计算，其中 I_N 为电动机额定电流。

(3) 保护多台电动机时，则应按 $I_{fv} \geqslant [(1.5 \sim 2.5) I_{Nmax} + \sum I_N]$ 计算，其中 I_{Nmax} 为容量最大的一台电动机的额定电流，$\sum I_N$ 为其余电动机额定电流的总和。

1.5.4 熔断器的安装

熔断器安装时要热元件串接在被保护的电路中，在安装过程中要注意以下事项：

(1) 安装熔断器除保证足够的电气距离外，还应保证安装位置间有足够的间距，以便于拆卸，更换熔体。

(2) 安装前应检查熔断器的型号、额定电压、额定分断能力等参数是否符合规定要求。熔断器内所装熔体额定电流只能小于熔断器的额定电流。

(3) 安装时应保证熔体和触刀及触刀和触刀座之间接触紧密可靠，以免由于接触器发热，使熔体温度升高，发生误熔断。

(4) 安装熔体时必须保证接触良好，不允许有机械损伤，否则准确性将大大降低。

(5) 电流进线接上接线端子，电气设备接下接线端子。

(6) 当熔断器兼作隔离开关时，应安装在控制开关电源的进线端，当仅作短路保护时，应安装在控制开关的出线端。

(7) 熔断器应安装在各相（火）线上，三相四线制电源的中性线上不得安装熔断器，而单相两线制的零线上应安装熔断器。

(8) 更换熔丝，必须先断开负载。熔体必须按原规格，材质更换。

(9) 在运行中应经常注意熔断器的指示器，以便及时发现熔体熔断，防止缺相运行。

思 考 与 训 练

1. 叙述常用低压电器的种类，指出其应用范围。
2. 自动开关的作用是什么？与转换开关比较有何不同？
3. 位置开关与按钮有哪些区别？
4. 漏电保护开关的作用是什么？漏电保护开关有几种类型？其区别在哪些方面？
5. 交流接触器在运行中有时线圈断电后，衔铁仍然掉不下来。试分析故障原因，并确定排除故障措施。

6. 两个相同的交流接触器，其线圈能否串联使用？为什么？

7. 在接触器的铭牌上常见到 AC-3、AC-4 等字样，它们有何意义？

8. 交流接触器频繁启动后，线圈为什么会过热？

9. 已知交流接触器吸引线圈的额定电压为 220V，如果给线圈通以 380V 的交流电行吗？为什么？如果使线圈通以 127V 的交流电又如何？

10. 什么是继电器？常用的继电器有哪些？

11. 什么是时间继电器？它有何用途？

12. 热继电器和过电流继电器有何区别？各有何用途？

13. 两台电动机能否用一个热继电器作过载保护，为什么？

14. 电动机的启动电流很大，当电动机启动时，热继电器会不会动作？为什么？

15. 熔断器与漏电保护开关的区别是什么？

16. 漏电保护开关是如何安装的？

17. 选择熔断器应注意哪些因素？

18. 安装熔断器应注意哪些问题？

19. 熔断器与热继电器有何区别？

第 2 章 电气控制的典型环节

本章主要介绍了电气控制图形的绘制规则；电气图的类型、国家标准及组成电气控制线路的基本规律；交流电动机启动、运行、制动、调速的控制线路原理及控制特点；电气联锁、保护环节以及电气控制线路的分析方法、设计思路与技巧及操作方法等知识与技能。

2.1 绘图规则与识图方法

电气控制系统是由若干电器元件按设备动作及工艺要求连接而成的。为了表述设备电气控制系统的构造、原理等设计意图，同时也为了便于设备的安装、调整、使用和维修，需要将电气控制系统中各电器元件的连接用一定的图形，即电气原理图、电气布置图及电气安装接线图表达出来。

2.1.1 电气控制系统图的分类

由于电气控制系统图描述的对象复杂，应用领域广泛，表达形式多种多样，因此表示一项电气工程或一种电器装置的电气控制系统图有多种，它们以不同的表达方式反映工程问题的不同侧面，但又有一定的对应关系，有时需要对照起来阅读。按用途和表达方式的不同，电气控制系统图可分为以下几种。

1. 电气系统图和框图

电气系统图和框图是用符号或带注释的框，概略表示系统的组成、各组成部分相互关系及其主要特征的图样，它比较集中地反映了所描述工程对象的规模。

2. 电气原理图

电气原理图是为了便于阅读与分析控制线路，根据简单、清晰的原则，采用电器元件展开的形式绘制而成的图样。它包括所有电器元件的导电部件和接线端点，但并不按照电器元件的实际布置位置来绘制，也不反应电器元件的大小。其作用是便于详细了解工作原理，指导系统或设备的安装、调试与维修。电气原理图是电气控制系统图中最重要的种类之一，也是识图的难点和重点。

3. 电气布置图

电气布置图主要是用来表明电气设备上所有电器元件的实际位置，为生产机械电气控制设备的制造、安装提供必要的资料。通常电气布置图与电气安装接线图组合在一起，既起到电气安装接线图的作用，又能清晰表示出电气的布置情况。

4. 电气安装接线图

电气安装接线图是为了安装电气设备和电器元件进行配线或检修电气故障服务的。它是用规定的图形符号,按各电器元件相对位置绘制的实际接线图,它清楚地表示了各电器元件的相对位置和它们之间的电路连接,所以安装接线图不仅要把同一电器的各个部件画在一起,而且各个部件的布置要尽可能符合这个电器的实际情况,但对比例和尺寸没有严格要求。不但要画出控制柜内部之间的电器连接还要画出柜外电器的连接。电器安装接线图中的回路标号是电器设备之间、电器元件之间、导线与导线之间的连接标记,它的文字符号和数字符号应与原理图中的标号一致。

5. 功能图

功能图的作用是提供绘制电气原理图或其他有关图样的依据,它是表示理论的或理想的电路关系而不涉及实现方法的一种图。

6. 电器元件明细表

电器元件明细表是把成套装置、设备中各组成元件(包括电动机)的名称、型号、规格、数量列成表格,供准备材料及维修使用。

以上简要介绍了电气系统控制图的分类,不同的图有不同的应用场合。本书将主要介绍电气原理图、电气布置图和电气安装接线图的绘制规则。

2.1.2 电气图的特点及符号

1. 简图

简图是电气图的主要表达方式,与机械图、电路图等的区别在于:简图不是严格按几何尺寸和绝对位置测绘的,而是用规定的标准符号和文字表示系统或设备的组成部分间的关系。

2. 元件和连接线

电气图的主要描述对象是电器元件和连接线。连接线可用单线法和多线法表示,两种表示方法在同一张图上可以混用。电器元件在图中可以采用集中表示法、半集中表示法、分开表示法来表示。集中表示法是把一个元件的各组成部分的图形符号绘在一起的方法;分开表示法是将同一元件的各组成部分分开布置,有些可以画在主回路,有些画在控制回路;半集中表示法介于上述两种方法之间,在图中将一个元件的某些部分的图形符号分开绘制,并用虚线表示其相互关系。绘制电气图时一般采用机械制图规定的八种线条中的四种线条,见表 2.1。

表 2.1   图 线 及 其 应 用

序号	图线名称	一 般 应 用
1	实线	基本线、简图主要内容用线、可见轮廓线、可见导线
2	虚线	辅助线、屏蔽线、机械连接线、不可见轮廓线、不可见导线、计划扩展内容用线
3	点划线	分界线、结构围框线、分组围框线
4	双点划线	辅助围框线

3. 图形符号和文字符号

电气系统或电气装置都是由各种元器件组成的,通常是用一种简单的图形符号表示各种元器件,如 ▭ 表示线圈。作用不同的同一类型电器,必须在符号旁标注不同的文字符号以区别其名称、功能、状态、特征及安装位置等。如在线圈符号旁标注 KM 表示接

第2章 电气控制的典型环节

触器的线圈,而在线圈符号旁标注 KA 表示中间继电器的线圈。这样,利用图形符号和文字符号的结合,能使人们一看就知道它是不同用途的电器元件。

电气系统图中的图形符号和文字符号有统一的国家标准。我国现在采用的是新标准 GB/T 4728《电气简图用图符号》,它替代了国家科委 1964 年颁布的 GB 312—64《电工系统图图形符号》和 GB 315—64《电工设备文字符号编制通则》的规定。近年来,各部门都相应引进了许多国外设备,为了适应新的发展需要,便于掌握引进技术,便于国际交流,国家标准局在认真研究了 IEC 标准的基础上,对电气图原有的标准做了大量的修改,颁布了一系列新标准,其中包括 GB 728—85《电气图用图形符号》及 GB 6988—87《电气制图》和 GB 7159—87《电气技术中的文字符号制定通则》等。

由于旧国标现在还不可能立即在所有技术资料和以前出版的教科书中消失,因此给出电气图常用图形符号和文字符号的新旧对照表,见表2.2。

2.1.3 电气控制原理图

电气控制原理图是根据电气控制系统的工作原理,按电器元件展开的形式绘制的。图中,每个元件不是按实际位置绘制的,它是根据生产机械对控制所提出的要求,按照各电器元件的动作原理和顺序,并根据简单清晰的原则,用线条代表导线将各电气符号按一定规律连接起来的电路展开图。原理图具有结构简单,层次分明,适于研究、分析线路的工作原理方便等优点,是电气控制系统中最重要的一种图。在后续内容中主要以该种图为主进行分析,由此可见其应用的广泛。

电气控制原理图电路图一般分为主电路(或称一次接线)和辅助电路(或称二次接线)两部分。主电路是电气控制线路中强电流通过的部分。图 2.1 所示三相异步电动机正反转控制电路图。其主电路由刀开关 QS 经正反转接触器的主触头、热继电器 FR 的发热元件到电动机 M 这部分电路构成。辅助电路是电气控制线路中弱电流通过的部分,它包括控制电路、信号电路、检测电路及保护电路。

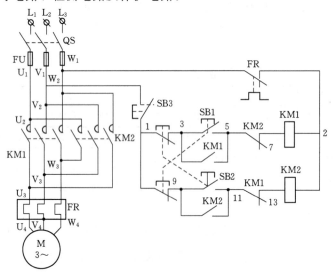

图 2.1 三相异步电动机正反转控制电路

2.1 绘图规则与识图方法

表 2.2　　　　　　　　电气图常用图形符号和文字符号的新旧对照

名称		新标准		旧标准		名称		新标准		旧标准	
		图形符号	文字符号	图形符号	文字符号			图形符号	文字符号	图形符号	文字符号
一般三极电源开关			QS		K	熔断器			FU		RD
低压断路器			QF		UZ	热继电器	热元件		KR 或 FR		RJ
位置开关	常开触头		SQ		XK		常闭触头				
	常闭触头						线圈				
	复合触头					时间继电器	常开延时闭合触头		KT		SJ
按钮	启动		SB		QA		常闭延时断开触头				
	停止				TA		常闭延时闭合触头				
	复合				AN		常开延时断开触头				
接触器	线圈		KM		C	继电器	中间继电器线圈		KA		ZJ
	主触头						欠压继电器线圈		KA		QYJ
	常开辅助触头						过电流继电器线圈		KI		GLJ
	常闭辅助触头						欠电流继电器线圈				QLJ
速度继电器	常开触头		KS		SJ		常开触头		相应继电器符号		相应继电器符号
	常闭触头		KS		SJ		常闭触头				
转换开关			SA	与新标准相同	HK	电位器			RP	与新标准相同	W

续表

名称	新标准 图形符号	新标准 文字符号	旧标准 图形符号	旧标准 文字符号	名称	新标准 图形符号	新标准 文字符号	旧标准 图形符号	旧标准 文字符号
制动电磁铁		YB		DT	直流发电机	G	G	F	ZF
电磁离合器		YC		CH	三相笼型异步电动机	M 3~	M		D
照明灯		EL	EL	ZD	三相绕线转子异步电动机				
信号灯		HL		XD	单相变压器				B
桥式整流装置		VC		ZL	整流变压器		T		ZLB
电阻器	或	R		R	照明变压器				ZB
接插器		X		CZ	控制电路电源变压器		TC		B
电磁吸盘		YH		DX	三相自耦变压器		T		ZOB
串励直流电动机					半导体二极管				D
并励直流电动机		M		ZD	PNP型三极管		V		T
他励直流电动机					NPN型三极管				
复励直流电动机					晶闸管				SCR

2.1 绘图规则与识图方法

1. 电气控制原理图的绘制规则

（1）主电路一般用粗实线画出，辅助电路用细实线画出。电路的排列顺序为：主电路在左侧，辅助电路在右侧。

（2）图中各电器元件触头的开闭状态，均以吸引线圈未通电，手柄置于零位，即没有受到任何外力作用或生产机械在原始位置时情况为准。

（3）各电器元件均按动作顺序自上而下或自左向右的规律排列，各控制电路按控制顺序先后自上而下水平排列。

（4）各电器元件及部件在图中的位置，应根据便于阅读的原则来安排。同一电器的各个部件可以不画在一起，但同一电器的不同部件必须用同一文字符号标注。

（5）两根及两根以上导线的连接处要画圆点"·"或圆圈"。"以示连接连通。

（6）为了安装与检修方便，电动机和电器的电气接点均应标记编号。主电路的电气接点一般用一个字母，另附一个或两个数字标注。如图2.1中用U_1、V_1、W_1表示主电路刀开关与熔断器的电气接点。辅助电路中的电气接点一般用数字标注。具有左边电源极性的电气接点用奇数标注，具有右边电源极性的电气接点用偶数标注。奇偶数的分界点在产生大压降处（如线圈、电阻等处）。

2. 图面区域的划分

从识图方便考虑，在图纸中划分区域，用数字进行图区编号，有的图区编号在上方，有的在图的下方，如图2.2所示。图2.2中的1～13为图区编号。

为了便于分析电路，说明对应区域电路的功能，在对应的区域下方标有解释的文字。

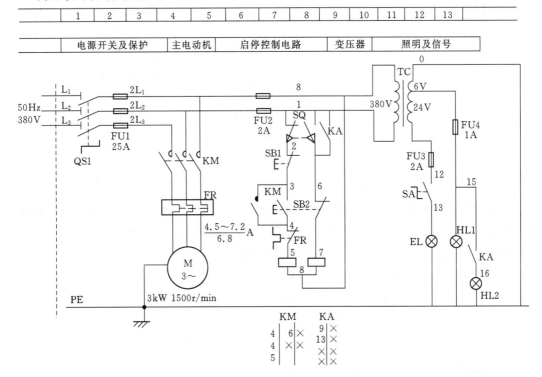

图2.2 某机床电气原理

3. 符号位置的索引

用图号、页次和图区号的组合索引法构成符号位置的索引，索引代号的组成如下：

当某一元件相关的各符号元素出现在不同图号的图纸上，而当每个图号仅有一页图纸时，索引代号应简化成：

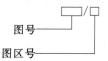

当某一元件相关的各符号元素出现在同一图号的图纸上，而该图号有几张图纸时，可省略图号，将索引代号简化成：

当某一元件相关的各符号元素出现在只有一张图纸的不同图区时，索引代号只用图区号表示：

图区号

图 2.2 中 KM 线圈及 KA 线圈下方的是接触器 KM 和继电器 KA 相应触头的索引。

KM		KA	
4	6	×	9	×
4	×	×	13	×
5			×	×

在原理图中，继电器与接触器的线圈和触头的从属关系应用附图表示。即在原理图相应线圈的下方，给出触头的图形符号，并在其下面注明相应触头的索引代号，对未使用的触头用"×"表明，有时也可采用上述省去触头的表示法。

对继电器，上述表示法中各栏的含意如下：

左栏	右栏
动合触头所在图区号	动断触头所在图区号

对接触器，上述表示法中各栏的含意如下：

左栏	中栏	右栏
主触头所在图区号	辅助动合触头所在图区号	辅助动断触头所在图区号

4. 技术数据的标注

在电气原理图中,电器元件的数据和型号用小号字体注在电气代号的下面,图2.3就是热继电器动作电流范围和整定值的标注。

以上的原理图绘图规则,在工程设计中应全面遵守,而在一般学习图形中,为了方便并不全面按绘图规则展示。

2.1.4 电气布置图

设备具有其特殊性,为了对其电气控制设备的制造、安装和维修等提供必要的资料绘制的图形称电气布置图。如控制柜(箱)的正面布置图,操作台的平面布置图等。

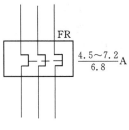

图 2.3 热继电器

2.1.5 电气安装接线图

在电气设备安装、配线时经常采用安装接线图,它是按电气设备各电器的实际安装位置,用各电器规定的图形符号和文字符号绘制的实际接线图。

安装接线图可显示出电气设备中各元件的空间位置和接线情况,可在安装或检修时对照原理图使用。安装接线图分为安装板接线图和接线图两种,对于复杂设备应画安装板接线图,图2.1的安装板接线图如图2.4所示,其绘制原则如下:

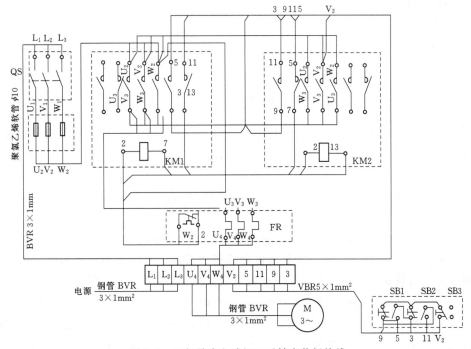

图 2.4 三相异步电动机正反转安装板接线

(1) 应表示出电器元件的实际安装位置。同一电器的部件应画在一起,各部件相对位置与实际位置一致,并用虚线框表示。

(2) 在图中画出各电器元件的图形符号和它们在控制板上的位置,并绘制出各电器元件及控制板之间的电气连接。控制板内外的电气连接则通过接线端子板接线。

(3) 接线图中电器元件的文字符号及接线端子的编号应与原理图一致,以便安装和检修时查对,保证接线正确无误。

(4) 为方便识图,简化线路,图中凡导线走向相同且穿同一线管或绑扎在一起的导线束均以一单线画出。

(5) 接线图上应标出导线及穿线管的型号、规格和尺寸。管内穿线满七根时,应另加备用线一根,以便于检修。

对简化线路,仅画出接线图就可以了,例如图2.2的接线图可用图2.5表示。

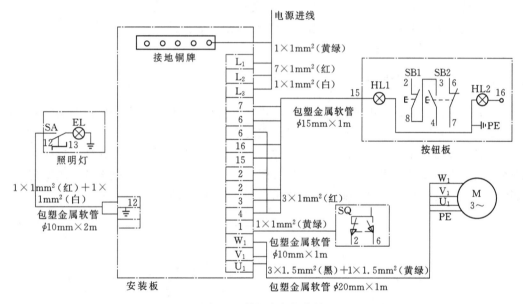

图 2.5 某机床电气接线

图中应表明电气设备中的电源进线、开关、照明灯、按钮板、电动机与机床安装板接线端之间的连接关系,标注出管线规格,根数及颜色。

2.2 三相笼型异步电动机的直接启动控制

三相笼型异步电动机在工程设备中应用极其广泛(如塔式起重机、给排水系统、锅炉房控制、电梯等),如何对三相笼型异步电动机进行启动、制动及调速是本单元的重点课题。通过电动机可知:三相笼型异步电动机有直接启动和降压启动之分。在直接启动时,其启动电流大约是电动机额定电流的4~7倍。在电网变压器容量允许下,一定容量的电动机可直接启动,但当电动机容量较大时,如仍采用直接启动会引起电动机端电压降低,从而造成启动困难,并影响网内其他设备正常工作。那么在何种情况下可直接启动呢?如满足式（2.1）时，便可直接启动。否则应降压启动。

$$\frac{I_Q}{I_{ed}} \leqslant \left(\frac{3}{4} + \frac{变压器容量(kVA)}{4 \times 电动机容量(kW)}\right) \tag{2.1}$$

式中　I_Q——电动机的启动电流，A；

　　　I_{ed}——电动机的额定电流，A。

三相笼型异步电动机的直接启动方法有单向启动的控制线路，点动控制，电动机正、反转控制，联锁控制，两（多）地控制，电动机自动往返控制等。以下分别进行阐述。

2.2.1　单向旋转启动的控制——炉排电动机控制

1. 线路的构思

炉排电动机需要单向旋转且长期工作，自由停车。根据这一设计要求。采用边分析边设计的方法进行。用刀开关将电源引进，用交流接触器控制电动机，并用自锁触头保证电动机长期工作，应具有主令电器即启动与停止按钮，用熔断器作短路保护、热继电器做过载保护。到素材库选取相应设备后，便画出了图2.6所示的原理和接线图。

2. 炉排电动机的工作情况分析

（1）启动时，合上刀开关QS，按下启动按钮SB1，交流接触器KM的线圈通电，其所有触头均动作，主触头闭合后，电动机启动运转。同时其辅助常开触头闭合，形成自锁。因此该触头称为"自锁触头"。此时按住按钮的手可抬起，电动机仍能继续运转。与启动按钮相并联的自锁触点即组成了电气控制线路中的一个基本控制环节——自锁环节，设置自锁环节的目的就是使受控元件能够连续工作。这里受控元件是电动机，由此可见，"自锁触头"是电动机长期工作的保证。

（2）炉排电动机停止时，按下停止按钮SB2，KM线圈失电释放，主触头断开，电动机脱离电源而自由停转。

3. 炉排电动机的保护

（1）短路保护。保护器件是熔断器。当线路出现短路故障时，线路电流突然变大，熔断器烧断而切断线路电源，KM线圈失电释放，主触头断开，电动机脱离电源，电动机停止运转。值得注意的是在安装时将熔断器靠近电源，即安装在刀开关下边，以扩大保护范围。

（2）炉排电动机过载保护。保护器件是热继电器。当线路出现过载时，双金属片受热弯曲而使其常闭触点断开，KM线圈失电释放，主触头断开，电动机脱离电源，电动机停止运转。因热继电器不属瞬时动作的电器，故在电动机启动时不动作。

（3）炉排电动机的失（欠）压保护。由自动复位按钮和自锁触头共同完成。当失（欠）压时，KM释放，电动机停止，一旦电压恢复正常，电动机不会自行启动，防止发生人身及设备事故。

2.2.2　点动控制——电动葫芦控制

在设备电气控制中，经常需要电动机处于短时重复工作状态，如混凝土搅拌机、电梯检修、电动葫芦的控制等，均需按操作者的意图实现灵活控制。

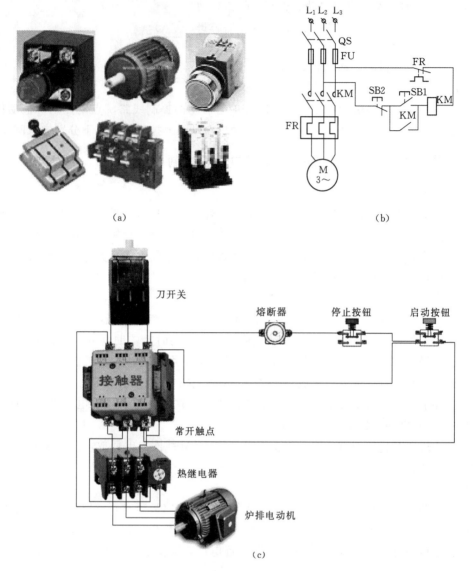

图 2.6 炉排电动机单向旋转
(a) 所需设备；(b) 原理；(c) 接线

1. 点动控制定义及原则

（1）点动控制定义。让电动机运转多长时间电动机就运转多长时间，能够完成这一要求的控制称为点动控制。

（2）点动控制的原则。需动则动，要停就停。掌握原则便可准确地判断点动线路的正确与否。

点动控制恰好与长期控制对立，显然只要设法破坏自锁通路便可实现点动控制。然而世界上的事物总是对立又统一的，许多场合都要求电动机既能点动也能长期工作，以下几种线路便是设备控制中的常见点动线路。

2. 仅可点动的线路

(1) 电路设计构思。此电路只用按钮和接触器构成，电路如图 2.7（a）所示。其应用案例如图 2.7（b）所示。

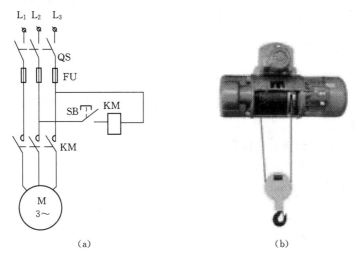

图 2.7　仅可点动的控制电路
(a) 原理；(b) 电动葫芦实物

(2) 电路操作过程。当按下启动按钮 SB 时，接触器 KM 线圈通电，主常开触头闭合，电动机启动运转。当将揿按 SB 的手抬起时，接触器 KM 线圈失电释放，其触头复位，电动机脱离电源停止运转。

3. 既能点动也能长期工作的电路

能够构成既能点动也能长期工作的电路方法很多，这里仅以用按钮或手动开关实现的方法加以说明。

(1) 用手动开关（转换开关）实现。将手动开关设置在自锁通道中，需要点动时手动开关破坏自锁通路，如图 2.8 所示。

操作过程：需点控时，将开关 QS 打开，按下启动按钮 SB1，接触器 KM 线圈通电，其主触头闭合，电动机运转，手抬起时，电动机停止运转。

需长期工作时，先将开关 QS 合上，再按下 SB1，接触器 KM 线圈通电，自锁触头自锁，电动机可长期运行。

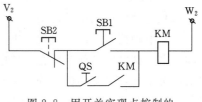

图 2.8　用开关实现点控制的控制线路

(2) 用复合式按钮实现。采用复合式按钮（这里称为点动按钮）构成的线路如图 2.9 所示。

操作过程：需点控时，按点控按钮 SB3，接触器 KM 线圈通电，电动机启动，手抬起时，接触器 KM 线圈失电释放，电动机停止运转。需要长期工作时，按下启动按钮 SB1 即可长动，停止时按停止按钮 SB2 即可。

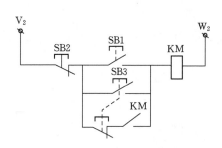

图 2.9 采用点动控钮的控制线路

4. 电路的应用及现场操作

电动控制电路适合于电动葫芦、电梯检修等灵活控制的场所。

(1) 设备准备。电动机 1 台,接触器 1 个,按钮 1 个。

(2) 工具。拔线钳子 1 把,螺丝刀子 1 把。

(3) 接线程序。接线从主电路开始,按照自上而下,根据每一点接线数选线接入,主电路用粗线,控制电路用细线,后接控制电路,接线牢固,走直角,布置要美观。

(4) 操作程序。对接线进行检查,确认无误后,合上电源开关,按下启动按钮,电动机应启动,手抬起时电动机应立即停止。

以上是最基本的点动环节,在实际工程中,可根据控制系统的具体要求,将其巧妙地应用到实际线路中去。

2.2.3 电动机正、反转控制

在工程中所用的电动机需要正反转的设备很多,如电梯、塔式起重机、桥式起重机等。由电动机原理可知,为了达到电动机反向旋转的目的,只要将定子绕组的三根线的任意两根对调即可。

1. 电动机双向旋转线路的构思

要想使电动机正、反向运转,学过的内容中哪个元件可用呢?转换开关有换向功能,但只适用于不频繁启动的场所。频繁启动可用两个接触器的主触头把主电路任意两相对调,再用两个启动按钮控制两个接触器的通电,用一个停止按钮控制接触器失电,同时要考虑两个接触器不能同时通电,以免造成电源相间短路,为此采用接触器的常闭触头加在对应的线路中,称为"互锁触头",其他构思与单向运转线路相同,如图 2.10 所示。

2. 双向旋转线路的工作原理

(1) 电动机启动前的准备。合上刀开关 QS,将电源引入,为启动做好准备。

(2) 电动机正向旋转过程。电动机正转时,按下正向启动按钮 SB1,正向接触器 KM 线圈通电,其主常开触头闭合,使电动机正向运转,同时自锁触头闭合形成自锁,按住按钮的手可抬起,其常闭即互锁触头断开,切断了反转通路,防止了误按反向启动按钮而造成的电源短路现象。这种利用辅助触点互相制约工作状态的方法形成了一个基本控制环节——互锁环节。

(3) 电动机反向旋转过程。电动机反转时,必须先按下停止按钮 SB3,使接触器 KM1 线圈失电释放,电动机停止。然后再按下反向启动按钮 SB2,反向接触器 KM2 线圈通电,其主常开触头闭合,使电动机反向运转,同时自锁触头闭合形成自锁,按住按钮的手可抬起,其常闭即互锁触头断开,切断了正转通路,防止了误按正向启动按钮而造成的电源短路现象。电动机才可反转。

2.2 三相笼型异步电动机的直接启动控制

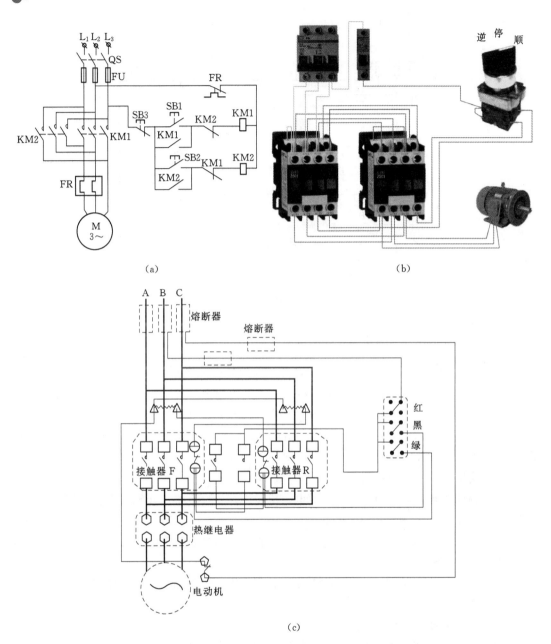

图 2.10 双向旋转控制
(a) 原理；(b) 用自动开关的实物接线；(c) 对应原理图的接线

(4) 分析后结论。正、反转电路的工作状态：正转→停止→反转→停止→正转。由于正反转的变换必须停止后才可进行，所以非生产时间多，效率低。为了缩短辅助时间，提高生产效率，采用复合式按钮控制，可以从正转直接过渡到反转，反转到正转的变换也可以直接进行。并且比电路实现了双互锁，即接触器触头的电气互锁和控制按钮的机械互锁，使线路的可靠性得到了提高，如图 2.11 所示。线路的工作情况与图 2.10 相似。

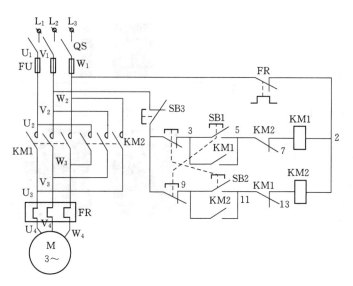

图 2.11 采用复合式按钮的正、反控制线路

2.2.4 联锁控制——锅炉的自动上煤系统

工程的控制设备由多台电动机拖动,有时需要按一定的顺序控制电动机的启动和停止。如锅炉房的自动上煤系统,水平和斜式上煤机的控制,为了防止煤的堆积,要求启动时先水平后斜式,停止时先斜式后水平。另外,鼓风机和引风机控制,为了防止倒烟,要求启动时先引风后鼓风,停止时先鼓风后引风。把这种相互联系又相互制约的关系的线路称为联锁控制。

1. 简单按顺序的联锁控制

(1) KM1 通电后,才允许 KM2 通电。应将 KM1 的辅助常开触头串在 KM2 线圈回路,如图 2.12 (a) 所示。

(2) KM1 通电后,不允许 KM2 通电。应将 KM1 的辅助常闭触头串在 KM2 线圈回路,如图 2.12 (b) 所示。

(3) 启动时,KM1 先启动,KM2 后启动,停止时 KM2 先停,KM1 后停,如图 2.12 (c) 所示。

2. 有时间要求的联锁控制

锅炉鼓(引)风系统为了防止倒烟需要联锁控制,在工程实际中,常有按一定时间要求的联锁控制,如果系统要求 KM1 通电后,经过 7s 后,KM2 自动通电。显然需采用时间继电器 KT 配合实现,利用时间继电器延时闭合的常开触点来实现这种自动转换,如图 2.13 所示。

综上可知,实现联锁控制的基本方法是采用反映某一运动的联锁触点控制另一运动的相应电器,以达到联锁工作的要求。联锁控制的关键是正确选择联锁触点。由上总结出如下规律:

(1) 对于甲接触器动作后,乙接触器才动作的要求,需将甲接触器的辅助常开触头串在乙接触器线圈电路中。

2.2 三相笼型异步电动机的直接启动控制

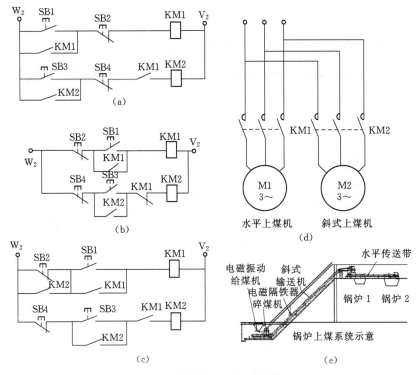

图 2.12 简单按顺序的联锁控制
(a)、(b)、(c) 三种控制方案控制电路；(d) 主电路；(e) 系统示意

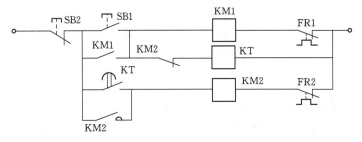

图 2.13 有时间要求的联锁控制

(2) 对于甲接触器动作后，不允许乙接触器动作的要求，需将甲接触器的辅助常闭触头串在乙接触器线圈电路中。

(3) 对于乙接触器先断电后，甲接触器方可断电的要求，需将乙接触器的辅助常开触头并在甲接触器回路的停止按钮上。

△ **知识拓展训练**

课下训练——三皮带传输机控制设计

已知条件：三皮带传输机物料传输控制，为防止物料堆积，要求按 M1、M2、M3 的顺序启动，停时相反。三皮带传输机传递皮带如图 2.14 所示。

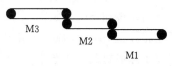

图 2.14 三皮带传输机示意

要求:分组设计。

2.2.5 两(多)地控制——锅炉房的除渣机

在实际工程中,为了操作方便,许多设备需要两地或两地以上的控制才能满足要求,如锅炉房的鼓(引)风机、除渣机、循环水泵电动机、炉排电动机均需在现场就地控制和在控制室远动控制,另外电梯、机床等电气设备也有多地控制要求。

1. 两(多)地控制作用

主要是为了实现对电气设备的远动(遥)控制。

2. 两(多)地控制实现的原则

采用两组按钮控制,常开按钮并联,常闭按钮串联。远动控制设备是指不与电气设备控制装置组装在一起的设备,应用虚线框起来。如图 2.15 所示为某设备的两地控制线路。

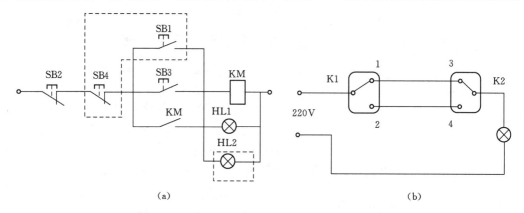

图 2.15 两地控制线路
(a) 采用按钮两地控制;(b) 采用开关两地控制

3. 工作原理

(1) 就地操作程序。在设备处,按下就地控制启动按钮 SB3,接触器 KM 线圈通电,电动机启动运转,可观察到信号灯 HL1、HL2 亮;按下就地停止按钮 SB2,KM 线圈失电,电动机停止,实现了就地控制。

(2) 远动控制过程。在远方按下启动按钮 SB1,KM 线圈通电,电动机启动运转,信号灯 HL1、HL2 亮;按下远动停止按钮 SB4,KM 线圈失电,电动机停止,实现了远动控制。

(3) 两地控制开关接线控制。当 K1 扳到 1 位,K2 扳到 3 位时,电路接通,灯亮;此时再扳动任何一个开关,都将使电路断开,电灯熄灭。

4. 除渣机三地控制的应用案例

图 2.16 为除渣机三地控制。除渣机在输煤廊、在除渣机旁、在控制室三地进行控制。

控制操作过程:合上开关后,除渣机在输煤廊、在除渣机旁、在控制室任何一地均可按下启动按钮 SB2、SB3、SB4 中的任意一个,使接触器 KM 线圈通电,除渣机启动;按下停止按钮 SB5、SB6、SB7 中的任意一个,使接触器 KM 线圈失电,除渣机停止。从而实现了除渣机的三地控制。

2.2 三相笼型异步电动机的直接启动控制

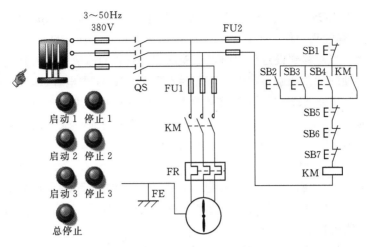

图 2.16 除渣机三地控制

2.2.6 电动机自动往返控制

在工程应用实践中,常有按行程进行控制的要求。如混凝土搅拌机的提升降位、桥式吊车、龙门刨床工作台的自动往返、水厂沉淀池排泥机的控制、电梯的上下限位。总之,从建筑设备到工厂的机械设备均有按行程控制的要求。下面介绍的位置控制和自动循环控制就是实现这种控制的基本线路。

1. 位置控制——水厂除油池刮油板

(1) 线路的构思。如果运动部件需两个方向运动,手动启动,自动停止,拖动它的电动机应能正、反转,应在正、反转线路的基础上将两个位置开关的常闭触头传到线路中,如图 2.17 所示。

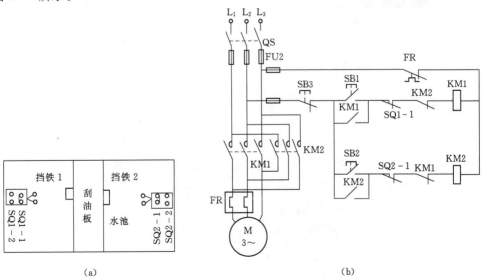

图 2.17 位置控制电路
(a) 水厂除油池刮油板;(b) 控制电路

（2）线路工作原理。合上电源开关 QS，按下正向启动按钮 SB1 时，正向接触器 KM1 线圈通电，其触头动作，主常开触头闭合，使电动机正向运转并带动往返行走的运动部件向左移动，当左移到设定位置时，运动部件上安装的撞块（挡铁）碰撞左侧安装的限位开关 SQ1，使它的常闭触点断开，常开触点闭合，KM1 失电释放，电动机 M 停止。

按下反向启动按钮 SB2 时，反向接触器 KM2 线圈通电，其触头动作，电动机反转并带动运动部件向右移动。当移动到限定的位置时，撞块碰撞右侧安装的限位开关 SQ2，其触头动作，使 KM2 线圈失电释放，电动机停止。

2. 机床工作台自动循环控制

（1）机床工作台自动循环线路的构思。在工程中，如果运动部件需两个方向往返运动，拖动它的电动机应能正、反转，而自动往返的实现就应采用具有行程功能的行程开关作为检测元件以实现控制。

机床实物案例如图 2.18（a）所示，限位开关安装位置示意如图 2.18（b）所示。在位置控制的基础上，将行程开关 SQ1 的常开触头并接在反转控制电路中，把另一个行程开关 SQ2 的常开触头并接在正转控制电路中，就是自动循环控制，如图 2.18（c）所示。接线如图 2.18（d）所示。

（2）机床工作台自动循环电路工作过程操作控制。合上电源开关 QS，按下正向启动按钮 SB1 时，正向接触器 KM1 线圈通电，其触头都动作，主常开触头闭合，使电动机正

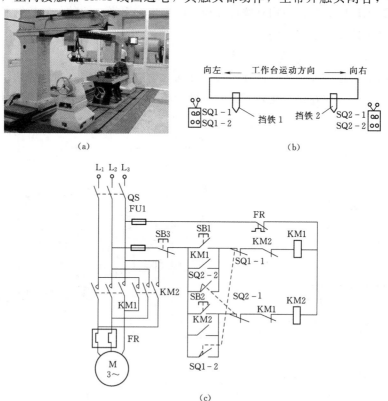

图 2.18（一） 机床工作台自动循环控制
(a) 机床实物案例；(b) 限位开关安装位置；(c) 电路；(d) 接线

2.2 三相笼型异步电动机的直接启动控制

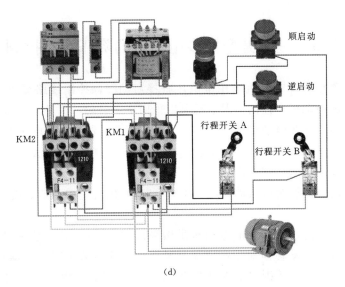

图 2.18（二） 机床工作台自动循环控制
(a) 机床实物案例；(b) 限位开关安装位置；(c) 电路；(d) 接线

向运转并带动往返行走的运动部件向左移动，当左移到设定位置时，运动部件上安装的撞块（挡铁）碰撞左侧安装的位置开关 SQ1，使它的常闭触头断开，常开触头闭合，接触器 KM1 线圈失电释放，反向接触器 KM2 线圈通电，其触头动作，电动机反转并带动运动部件向右移动。当移动到限定的位置时，撞块碰撞右侧安装的限位开关 SQ2，其触头动作，使接触器 KM2 线圈失电释放，KM1 又一次重新通电，部件又左移。如此这般自动往返，直到按下停止按钮 SB3 时为止。

（3）课堂训练。图 2.19 为行程控制案例，试分析操作控制过程。

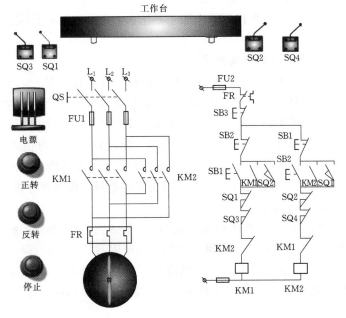

图 2.19 行程控制案例

2.3 三相笼型异步电动机的降压启动控制

前面所述的笼型异步电动机采用全电压直接启动时，控制线路简单，维修方便。但是，并不是所有的电动机在任何情况下都可以采用全压启动。这是因为在电源变压器容量不是足够大时，由于异步电动机启动电流较大，致使变压器二次侧电压大幅度下降，这样不但会减小电动机本身启动转矩，拖长启动时间，甚至使电动机无法启动，同时还影响同一供电网络中其他设备的正常工作。

判断一台电动机能否全压启动，可以用式（2.1）确定，在不满足式（2.1）时，必须采用降压启动。

在工程中，某些与设备配套的电动机虽然采用式（2.1）计算结果可允许全压启动，但是为了限制和减少启动转矩对生产机械的冲击，往往也采用降压启动设备进行降压启动。即启动时降低加在电动机定子绕组上的电压，启动后再将电压恢复到额定值，使之在正常电压下运行。电枢电流和电压成正比例，所以降低电压可以减小启动电流，不致在电路中产生过大的电压降减少对线路电压的影响。

笼型异步电动机降压启动的方法很多，常用的有电阻降压启动、自耦变压器降压启动、星形—三角形降压启动、三角形—三角形降压启动等四种。尽管方法不同，但其目的都是为了限制启动电流，减小供电网络因电动机启动所造成的电压降。一般降低电压后的启动电流为电动机额定电流的 2~3 倍。当电动机转速上升到一定值后，再换成额定电压，使电动机达到额定转速和输出额定功率。下面讨论几种常用的降压启动控制线路。

2.3.1 水泵电动机定子串接电阻（电抗）降压启动控制

2.3.1.1 水泵电动机降压启动任务下达

北方机械厂水泵电动机需单向启动，但是容量大，建设单位要求用定子串接电阻（电抗）降压启动。

2.3.1.2 水泵电动机降压启动电路构思

水泵电动机采用定子串接电阻（电抗）降压启动控制的具体方法：在电动机启动过程中，利用定子侧串接电阻（电抗）来降低电动机的端电压，以达到限制启动电流的目的。当启动结束后，应将所串接的电阻（电抗）短接，使电动机进入全电压稳定运行的状态。串接的电阻（电抗）称为启动电阻（电抗），启动电阻的短接时间可由人工手动控制或由时间继电器自动控制。根据要求水泵电动机降压启动自动控制的线路如图 2.20 所示。

2.3.1.3 水泵电动机定子串接电阻（电抗）降压启动电路工作原理分析

1. 水泵电动机降压启动过程

启动时，合上刀开关 QS，按下启动按钮 SB1，接触器 KM1 和时间继电器 KT 线圈同时通电吸合，KM1 的主触头闭合，电动机串接启动电阻 R（L）进行降电压启动，经过一定的延时后（延时时间应直至电动机启动结束后），KT 的延时闭合的常开触头闭合，使运转接触器 KM2 通电吸合，其主常开触头闭合，将 R（L）切除，于是电动机在全电压下稳定运行。

2.3 三相笼型异步电动机的降压启动控制

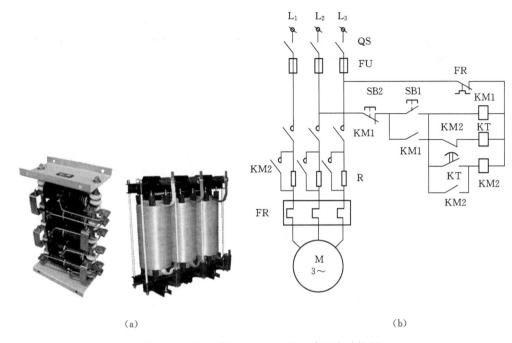

图 2.20 定子串接电阻（电抗）降压启动控制
(a) 电阻、电抗实物；(b) 电路

2. 水泵电动机降压停止过程

停止时，按下停止按钮 SB2，接触器 KM1 和时间继电器 KT 线圈同时失电，KM1 的主触头断开，电动机脱离电源自由停止。

这种启动方式不受绕组接线形式的限制，所用设备简单，因而适于要求平稳、轻载启动的中小容量的电动机。其缺点是启动时，在电阻上要消耗较多的电能，控制箱体积大。

上述线路中的 KT 线圈在整个启动及运行过程中长期处于通电状态，如果当 KT 完成其任务后就使其失电，这样既可提高 KT 的使用寿命也可节省能源，其改进线路如图 2.21 所示。

2.3.2 星形—三角形降压启动

2.3.2.1 电动机采用星形—三角形降压启动控制线路的构思

星形—三角形降压启动控制线路简称星三角（Y—△）降压启动。这种降压启动方法适用于正常运行时定子绕组接成三

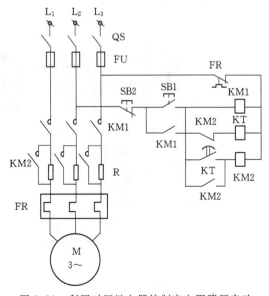

图 2.21 利用时间继电器控制串电阻降压启动

角形的笼型异步电动机。电动机定子绕组接成三角形时，每相绕组所承受的电压为电源的线电压（380V）；而作为星形接线时，每相绕组所承受的电压为电源的相电压（220V）。如果在电动机启动时，定子绕组先星接，待启动结束后再自动改接成角接，从而达到了启动时降压的目的。采用接触器和时间继电器配合实现，其电路设计如图2.22所示。

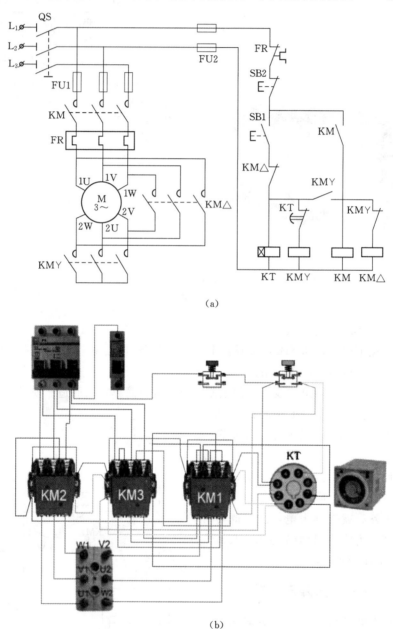

图 2.22 电动机 Y—△降压启动
(a) 电路；(b) 原理

2.3.2.2 电动机 Y—△降压启动工作情况分析

（1）启动过程分析。启动时，合上刀开关 QS，按下启动按钮 SB1，星接接触器 KMY 和时间继电器 KT 的线圈同时通电，KMY 的主触头闭合，使电动机星接，KMY 的辅助常开触头闭合，使启动接触器 KM 线圈通电，于是电动机在星接下降压启动，待启动结束，KT 的触头延时打开，使 KMY 失电释放，角接接触器 KM△ 线圈通电，其主触头闭合，将电动机接成三角形，这时电动机在三角形接法下全电稳定运行，同时 KM△ 的常闭触头使 KT 和 KMY 的线圈均失电。

（2）停止过程分析。停机时，按下停止按钮 SB2，接触器 KM 线圈和接触器 KM△ 线圈断电，消防水泵电动机脱离电源停止。

思 考 与 训 练

在工程中常采用星形—三角形启动器来完成电动机的 Y—△ 启动。QX3-13 型自动星形—三角形启动器，是由 3 个接触器、1 个时间继电器和 1 个热继电器所组成的启动器。控制线路如图 2.23（a）所示。分析其工作过程，同时分析图 2.23（b）中 3 个接触器，哪个是 KMY、KM△、KM。

另识读图 2.24，说明该图特点。

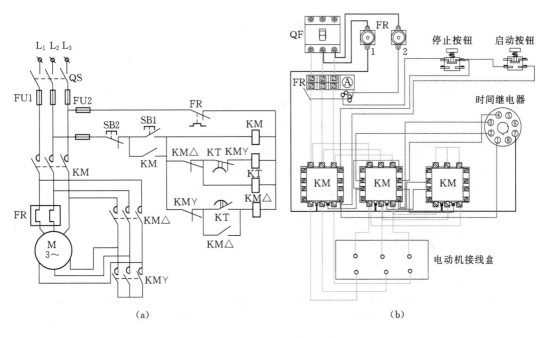

图 2.23 QX3-13 型自动星形—三角形启动器
(a) 电路；(b) 接线

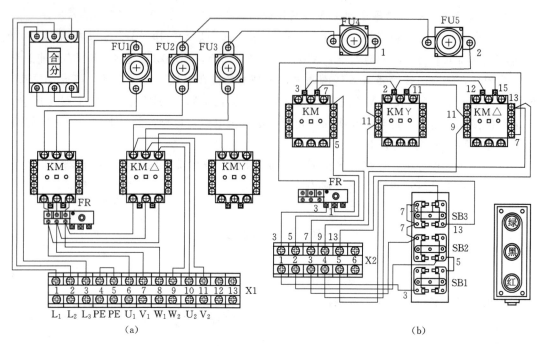

图 2.24 新颖 Y—△降压启动电路完整接线图
(a) 主电路；(b) 控制电路

2.4 笼型异步电动机的制动

由于惯性的关系，电动机从切断电源到完全停止运转，总要经过一段时间，这往往不能适应某些生产机械工艺的要求，比如电梯、塔式起重机等。同时，为了缩短辅助时间，提高生产效率，也就要求电动机能够迅速而准确地停止转动，需采用某种手段来限制电动机的惯性转动，从而实现机械设备的紧急停车，常把这种紧急停车的措施称为电动机的制动。

异步电动机的制动方法有机械制动和电气制动两种。

机械制动包括电磁离合器制动、电磁抱闸制动等。

电气制动包括能耗制动、反接制动、电容能耗制动、电容制动、再生发电制动等。

本节仅对反接制动和能耗制动进行讨论。

2.4.1 反接制动及其自动控制

2.4.1.1 反接制动的概念和意义

反接制动是机床中对小容量的电动机（一般在 10kW 以下）经常采用的制动方法之一。所谓反接制动，就是利用异步电动机定子绕组电源相序任意两相反接（交换）时，产生和原旋转方向相反的转矩，来平衡电动机的惯性转矩，达到制动的目的。

在反接制动时，转子与定子旋转磁场的相对速度接近于两倍的同步转速，所以定子绕组中流过的反接制动电流相当于全电压直接启动时电流的两倍。因此在 10kW 以上的电动机反接制动时,应在主电路中串接一定的电阻,以限制反接制动电流。这个电阻称为反接制动电阻。反接制动电阻的接法有两种:一种是对称接线法,另一种是不对称接线法,如图2.25所示。

对称接线法的优点是限制了制动电流,而且制动电流三相对称。而不对称接法时,未加制动电阻的那一相仍具有较大的制动电流。

反接制动状态为电动机正转电动状态变为反转电动状态的中间过渡过程。为使电动机能在转速接近零时准确停车,在控制电路中需要一个以速度为信号的电器,这就是速度继电器。这种控制电路称为速度原则控制电路,这种控制方式称为速度原则的自动控制,简称速度控制。

2.4.1.2 速度继电器(反接制动继电器)

1. 速度继电器组成

速度继电器由转子、定子及触点等组成。其外形如图2.26(a)所示,工作原理图及符号如图2.26(b)所示。

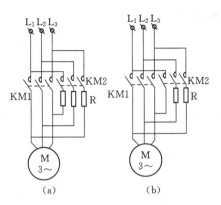

图 2.25 三相鼠笼式异步电动机限流电阻接法
(a)对称接线法;(b)不对称接线法

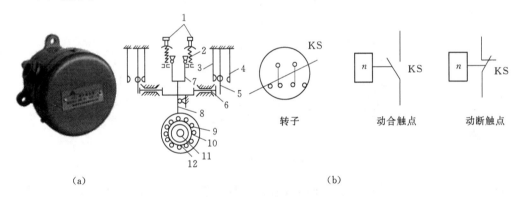

图 2.26 速度继电器图形
(a)外形;(b)原理及符号

1—调节螺钉;2—反力弹簧;3—动断触点;4—动合触点;5—动触点;6—按钮;
7—返回杠杆;8—杠杆;9—短路导体;10—定子;11—转轴;12—转子

转子为一圆形永久磁铁,连同转轴一起旋轴与电动机的转轴或机械设备的转轴相连接,并随之转动。定子为笼型空心圆柱体,能围绕转子转轴转动。使用时,速度继电器的转轴与被制动的电动机转轴相连,而其触头则接在辅助线路中,以发出制动信号。

2. 速度继电器工作原理

当电动机转动时,带动继电器的永久磁铁(转子)转动,在空间产生旋转磁场,这时的笼型定子导体中,便产生感应电势及感应电流,此电流又在永久磁铁磁场作用下,产生电磁转矩,使定子顺着永久磁转动方向转动(当电动机转速高于120r/min时)。定子转动时,带动杠杆,杠杆推动动触点5,使常闭触点断开,常开触点闭合。同时杠杆通过返回杠杆 7 压缩反力弹簧 2，反力弹簧的阻力使定子不能继续转动。如果转子的转速降低，转速低于 100r/min 时，反力弹簧通过返回杠杆，使杠杆返回原来的位置，其触头复位。

那么触头动作或复位时的转子转速如何调节呢？只需调节调节螺钉，改变反力弹簧的弹力即可。

2.4.1.3 双向旋转的电动机的反接制动线路

1. 复杂的双向旋转的电动机的反接制动线路

（1）电路设计构思。由中间继电器和速度继电器配合实现，如图 2.27 所示。线路中采用 4 个中间继电器、3 个接触器，还有速度继电器，使线路更加完善。线路中的电阻 R 既能限制反接制动电流，也可以限制启动电流。

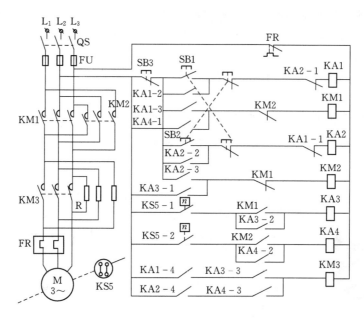

图 2.27 双向启动反接制动线路

（2）工作原理分析。线路分为正向启动、正向停车制动及反向启动、反向停车制动。这里以反向为例，说明其启动及制动过程。

反向启动时，合上刀开关 QS，按下反向启动按钮 SB2，中间继电器 KA2 线圈通电并自锁，同时使反向接触器 KM2 线圈通电吸合，电动机串电阻反向启动。当转速升至一定值后，速度继电器常开触头 KS5-2 闭合，为制动做好准备，同时使中间继电器 KA4 通电动作，使触电器 KM3 通电吸合，将电阻短接，电动机进入稳定运行状态。

反向停止时，按下停止按钮 SB3，KA2、KM2 失电释放，KM3 也随之失电释放，电动机电源被切除。此时因电动机转速仍很高，KS5-2 仍闭合，KA4 仍通电，当 KM2 常闭触头复位后，正向接触器 KM1 线圈通电，其触头动作，电动机串电阻反接制动，电动机转速迅速下降，当降到一定值时，KS5-2 复位，KA4 线圈失电，KM1 也失电，制动结束。

2. 简单的双向旋转的电动机的反接制动线路

(1) 电路设计构思。采用速度继电器构成双向旋转的电动机的反接制动线路如图 2.28 所示。充分利用了速度继电器的特点,大大简化了线路。

(2) 工作原理分析。这里以正向启动、正向停车制动为例加以说明。

正向启动时,按下正向启动按钮 SB1,正向接触器 KM1 线圈通电自锁,主触头闭合,电动机正向启动,同时 KM1 常闭触头断开,切断反向接触器 KM2 通路,待速度升高后,速度继电器 KS-1 常开触头闭合,常闭触头断开,为制动做好准备。

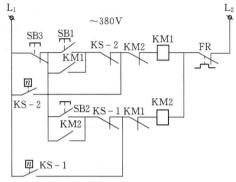

图 2.28 电动机可逆运行的反接制动线路

正向停止时,按下停止按钮 SB3,KM1 线圈失电释放,KM1 常闭触头复位后,反向接触器 KM2 线圈通电,进行反接制动;待速度降低一定值后,KS-1 复位,KM2 失电释放,制动结束。

电动机的反向启动及制动过程,读者自行分析。

以上所述的反接制动,在制动过程中,由电网供给的电磁功率和拖动系统的机械功率,全都转变为电动机转子的热损耗。所以,反接制动能量损耗大。笼型异步电动机由于转子导体内部是短接的,无法在转子外面串入电阻,所以在反接制动中转子承受全部热损耗,这就限制了电动机每小时允许的反接制动次数。

2.4.2 能耗制动控制

2.4.2.1 能耗制动的概念

所谓能耗制动就是在电动机脱离交流电源后,接入直流电源,这时电动机定子绕组通过一直流电,产生一个静止的磁场。利用转子感应电流与静止磁场的相互作用产生制动转矩,达到制动的目的,使电动机迅速而准确地停止。

能耗制动分为单向能耗制动、双向能耗制动和单管能耗制动,可以按时间原则和速度原则进行控制。下面分别进行讨论。

2.4.2.2 单向能耗制动控制电路实现

1. 单向能耗制动线路构思

在单相运转电路的基础上,加进接触器 KM2、时间继电器 KT,将直流电引入,便形成了单向能耗制动控制线路,如图 2.29 所示。

2. 单向能耗制动工作情况分析

启动时,合上刀开关 QS,按下启动按钮 SB1,接触器 KM1 线圈通电,其主触头闭合,电动机启动运转。

停止时,按下停止按钮 SB2,其常闭触头断开,使 KM1 失电释放,电动机脱离交流电源。同时 KM1 常闭触头复位,SB2 的常开触头闭合,使制动接触器 KM2 及时间继电器 KT 线圈通电自锁,KM2 主常开触头闭合,电源经变电压器和单相整流桥变为直流电

第 2 章 电气控制的典型环节

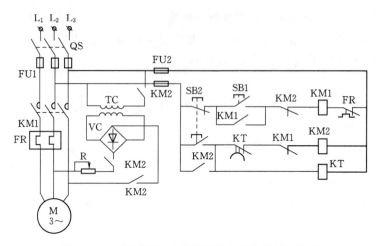

图 2.29 采用时间继电器控制的单向能耗制动线路

并通入电动机定子，产生静电磁场，与转动的转子相互切割感应电势，感生电流，产生制动转矩，电动机在能耗制动下迅速停止。电动机停止后，KT 的触头延时打开，使 KM2 失电释放，直流电被切除，制动结束。

2.4.2.3 可逆运行的能耗制动控制线路

1. 按时间原则控制的可逆运行的能耗制动控制线路

（1）线路构思。在正、反转电路的基础上，增加接触器 KM3、时间继电器 KT，把直流电引入，如图 2.30 所示为按时间原则控制的线路，它只比图 2.29 多了反向运行控制和制动部分。

（2）工作情况分析。正向启动时，合上刀开关 QS，按下正向启动按钮 SB1，接触器 KM1 线圈通电，主常开触头闭合，电动机正向启动运转。

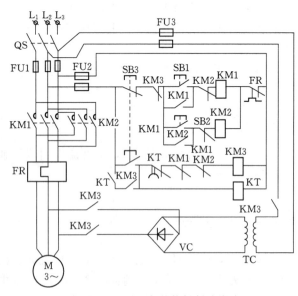

图 2.30 可逆运行的能耗制动线路

停止时，按下停止按钮 SB3，KM1 线圈失电释放，接触器 KM3 线圈和时间继电器 KT 线圈同时通电自锁，KM3 的主触头闭合，经变压器及整流桥后的直流电通入电动机定子绕组，电动机进行能耗制动。电动机停止时，KT 的常闭触头延时打开，使 KM3 线圈失电释放，直流电被切除，制动结束。

（3）线路的缺点。在能耗制动过程中，一旦 KM3 因主触头粘连或机械部分卡住而无法释放时，电动机定子绕组仍会长期通过能耗制动的直流电流。对此，只能通过合理选择接触器和加强电器维修来解决。

这种线路一般适用于负载转矩和负载转速比较稳定的机械设备。对于通过传动系统来改变负载速度的机械设备，则应采用按负载速度整定的能耗制动控制线路较为合适，因而这种能耗制动线路的应用有一定的局限性。

2. 按速度原则进行控制的能耗制动线路

（1）线路组成构思。采用速度继电器、接触器将直流电引入，如图 2.31 所示，用速度继电器取代了图 2.30 中的时间继电器。

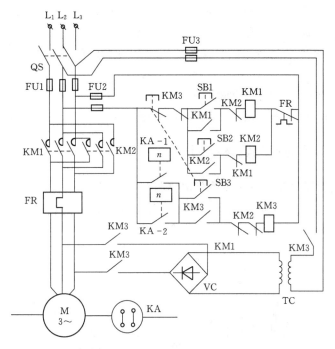

图 2.31 速度控制的能耗制动线路

（2）工作情况分析。反向启动时，合上刀开关 QS，按下反向启动按钮 SB2，反向接触器 KM2 线圈通电，电动机反向启动。当速度升高后，速度继电器反向常开触点 KA-2 闭合，为制动做好准备。

停止时，按下 SB3、KM2 失电释放，电动机的三相交流电被切除。同时 KM3 线圈通电，直流电通入电动机定子绕组进行能耗制动，当电动机速度接近零时，KA-2 打开，接触器 KM3 失电释放，直流电被切除，制动结束。

能耗制动适用于电动机容量较大，要求制动平稳和启动频繁的场合。它的缺点是需要一套整流装置，而整流变压器的容量随电动机的容量增加而增大，这就使其体积和重量加大。为了简化线路，可采用无变压器的单管能耗制动。

2.5 三相笼型异步电动机的调速控制

三相笼型异步电动机的调速方法很多，常用的有变极调速、调压调速、电磁耦合调速、液力耦合调速、变频调速等。这里仅介绍变极调速，关于调压调速和变频调速将在可控磁调速系统中阐述。

2.5.1 变极调速原理

从电动机原理知道,同步转速与磁极对数成反比,改变磁极对数就可实现对电动机速度的调节。而定子磁极对数可由改变定子绕组的接线方式来改变。变极调速方法常用于机床、电梯等设备中。

电动机每相如果只有一套带中间抽头的绕组,可实现2∶1和3∶2的双速变化。如2极变4极、4极变8极或4极变6极、8极变12极。

如果电动机每相有两套绕组则可实现4∶3和6∶5的双速变化,如6极变8极或10极变12极。

如果电动机每相有一套带中间抽头的绕组和一套不带抽头的绕组,可以实现三速变化;每相有两套带中间抽头的绕组,则可实现四速变化。

2.5.2 双速电动机的变极调速控制

2.5.2.1 采用接触器的简单双速电动机的控制

为了实现对双速电动机的控制,可采用按钮和接触器构成调速控制线路,如图2.32所示。

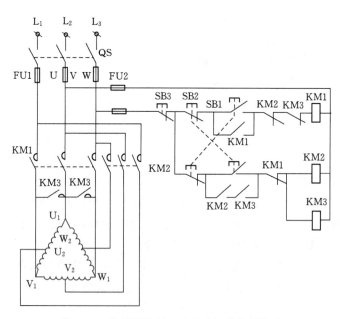

图 2.32 接触器控制双速电动机的控制线路

2.5.2.2 采用时间继电器自动控制双速电动机

如图2.33所示,图中多了一个具有3个接触点位置的开关SA,分为低速、高速和中间位置(停止),以及一个时间继电器KT。

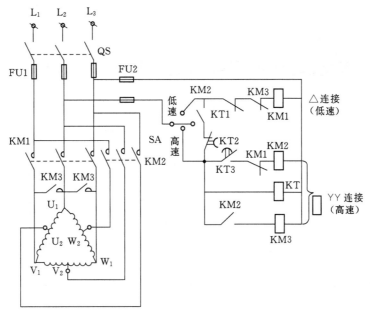

图 2.33 采用时间继电器控制双速电动机的控制线路

2.6 绕线转子异步电动机的控制

三相绕线转子异步电动机的优点是可以通过滑环在转子绕组中串接外加电阻或频敏变阻器,以达到减小启动电流,提高转子电路的功率因数和增加启动转矩的目的。在要求启动转矩较高的场合,绕线式异步电动机得到了广泛应用。

2.6.1 转子回路单接电阻启动控制线路

2.6.1.1 转子回路单接电阻启动控制的基本概念

串接在三相转子回路中的启动电阻,一般接成星形。在启动前,启动电阻全部接入电路,随着启动的进行,启动电阻被逐段地短接。其短接的方法有三相不对称短接法和三相电阻对称短接法两种。所谓不对称短接是每一相的启动电阻是轮流被短接的,而对称短接是三相中的启动电阻同时被短接。这里仅介绍对称接法。转子串对称电阻的人为特性如图 2.34 所示。

从图中曲线可知:串接电阻 R_f 值越大,启动转矩也越大,而 R_f 越大临界转差率 S_{Lj} 也越大,特性曲线的斜度也越大。因此改变串接电阻 R_f 可以作为改变转差率调速的一种方法。对于要求调速不高,拖动电动机容量不大的机械设备,如桥式起重机等,此种方法较适用。用此法启动时,可在转子电路中串接几级启动电阻,根据实际情况确定。启动时串接全部电阻,随启动过程可将电阻逐段切除。

实现这一控制有两种方法:一是按时间原则控制,即用时间继电器控制电阻自动切除;二是按电流原则控制,即用电流继电器来检测转子电流大小的变化来控制电阻的切

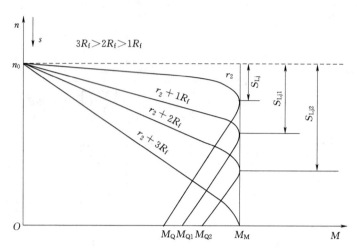

图 2.34　转子串对称电阻的人为特性

除,当电流大时,电阻不切除,当电流小到某一定值时,切除一段电阻,使电流重新增大,这样便可控制电流在一定范围内。

2.6.1.2　按时间原则控制

根据实际需要线路串三段电阻,用三个接触器短接,用三个时间继电器控制短接时间,如图 2.35 所示。

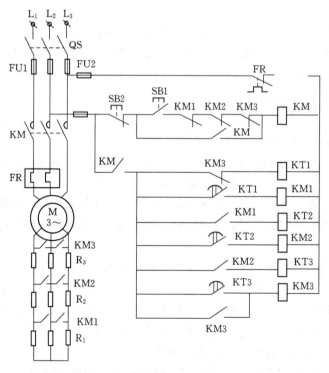

图 2.35　绕线转子异步电动机自动启动控制线路

2.6.1.3 按电流原则控制

利用电动机转子电流大小的变化来控制电阻的切除。FA1、FA2、FA3 是欠电流继电器,线圈均串接在电动机转子电路中,它们的吸上电流相同,而释放电流不同。FA1 的释放电流最大,FA2 次之,FA3 最小。如图 2.36 所示。

2.6.2 总结

本模块主要应掌握如下几方面:

(1) 电气控制系统图主要有电气原理图、元件布置图、安装接线图等,为了正确绘制和阅读分析这些图纸,必须掌握国家标准及绘图规则。

(2) 对于笼型异步电动机的控制,对于小容量的电动机(一般 10kW 以下,特殊情况参照有关设计规范)允许直接启动,为了防止过大的启动电流对电网及传动机构的冲击作用,大容量或启动负载大的场合应采用降压启动的方式。

直接启动中的单向旋转、双向旋转、点动、两(多)处控制、自动循环、联锁控制等基本线路采用各种主令电器、控制电器及各种控制触点按一定的逻辑关系的不同组合实现。各自控制的要点是:自锁触头是电动机长期工作的保证;互锁触头是防止误操作造成电源短路的措施;点动控制是实现灵活控制的手段;两(多)处控制是实现远动控制的方法;自动循环是完成行程控制的途径;联锁控制是实现电动机相互联系又相互制约关系的保证。

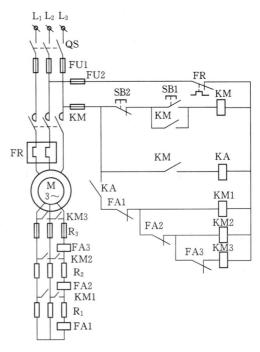

图 2.36 按电流原则控制的绕线转子异步电动机线路

(3) 四种降压启动方法其特点各异,可根据实际需要确定相应的方法,总结见表 2.3。

表 2.3 笼型电动机各种降压启动方式的特点

降压启动方式	电阻降压	自耦变压器降压	星三角转换	延边三角形启动		
				当抽头比例为		
				1:2	1:1	2:1
启动电压	kU_e	kU_e	$0.58U_e$	$0.78U_e$	$0.71U_e$	$0.66U_e$
启动电流	kI_{qd}	$k^2 I_{qd}$	$0.33I_{qd}$	$0.6I_{qd}$	$0.5I_{qd}$	$0.43I_{qd}$
启动转矩	$k^2 M_{qd}$	$k^2 M_{qd}$	$0.33M_{qd}$	$0.6M_{qd}$	$0.5M_{qd}$	$0.43M_{qd}$
定型启动设备	QJ1 型电阻减压启动器、PY-1 系列冶金控制屏、ZX1 与 ZX2 系列电阻器	QJ3 型自耦减压启动器、GTZ 型自耦减压启动器	QX1、QX2、QX3、QX4 型星三角启动器,XJ1 系列启动器	XJ1 系列启动器		

续表

降压启动方式	电阻降压	自耦变压器降压	星三角转换	延边三角形启动		
				当抽头比例为		
				1:2	1:1	2:1
优缺点及适用范围	启动电流较大,启动转矩小;启动控制设备能否频繁启动由启动电阻容量决定;需启动电阻器,耗损较大,一般较少采用	启动电流小,启动转矩较大;不能频繁启动、设备价格较高,采用较广	启动电流小,启动转矩小,可以较频繁启动,设备价格低,适用于定子绕组为三角形接线的中小型电动机,如J2、JO2、J3、JO3等	启动电流小,启动转矩较大,可以较频繁启动;具有自耦变压器及星三角启动方式两者之优点;适用于定子绕组为三角形接线且有9个出线头的电动机,如J3、JQ3等		

注　U_e—额定电压；I_{qd}、M_{qd}—电动机的全压启动电流及启动转矩；k—启动电压/额定电压,对自耦变压器为变比。

（4）为了提高生产效率,缩短辅助时间,采用电气与机械制动的方法以快速而准确停机。这里的电气制动总结见表2.4,可根据需要适当选择。

表 2.4　　　　　　　　　　电气制动方式的比较

比较项目	能 耗 制 动	反 接 制 动
制动设备	需直流电源	需速度继电器
工作原理	采用消耗转子动能使电动机减速停车	依靠改变定子绕组电源相序而使电动机减速停车
线路情况	定子脱离交流电网接入直流电	定子相序反接
特点	制动平稳,制动能量损耗小,用于双速电机时制动效果差	设备简单,调整方便,制动迅速,价格低,但制动冲击大,准确性差,能量损耗大,不宜频繁制动
适用场合	适用于要求平稳制动,如磨床、铣床等	适用于制动要求迅速,系统惯性较大,制动不频繁的场合,如大中型车床、立床、镗床等

（5）变极调速是通过改变电动机的磁极对数实现对其速度的调节。巧妙地利用相关电器实现对电动机的双速、三速及四速控制。

（6）绕线转子异步电动机的启动性能好,可以增大起动转矩。采用转子串电阻和转子串频敏变阻器的方法。串电阻启动,控制线路复杂,设备庞大（铸铁电阻片或镍铬电阻丝比较笨重）,启动过程中有冲击；串频敏变阻器线路简单,启动平稳,启动过程调速平滑,克服了不必要的机械冲击力。

（7）在线路控制中,常涉及时间原则、电流原则、行程原则、速度原则和反电势原则,在选用时不仅要根据本身的一些特点,还应考虑电力拖动装置所提出的基本要求以及经济指标等。以启动为例,列表进行比较,见表2.5。

表 2.5　　　　　　　　　　自动控制原则优缺点比较

比较项目	反电势原则	电流原则	时间原则
电器用量	最小	较多	较多

2.6 绕线转子异步电动机的控制

续表

比较项目	反电势原则	电流原则	时间原则
设备互换性	不同容量电机可用同一型号继电器	不同容量电机得用不同型号继电器	不同容量与电压的电机均可采用同型号继电器
线路复杂程度	简单	连锁多，较复杂	连锁多，较复杂
可靠性	可能启动不成；换接电流可能过大	可能启动不成；要求继电器动作比接触器快	不受参数变化影响
特点	能精确反映转速	维持启动的恒转矩	加速时间几乎不变

（8）本项目通过几种常见的保护装置（如短路保护、过流保护、热保护、失（欠）压保护等）阐述了电动机的保护问题。常用的保护内容及采用电器列于表 2.6 中以供选用。

表 2.6　　　　　　　　　　常用的保护环节及其实现方法

保护内容	采用电器	保护内容	采用电器
短路保护	熔断器、断路器等	过载保护	热继电器、断路器等
过流保护	过电流继电器	失（欠）电流保护	欠电流继电器
零电压保护	按钮控制的接触器、继电器等	失（欠）电压保护	电压继电器

思 考 与 训 练

1. 在电气原理图和安装接线图中，绘图规则有哪些？

2. 试设计一个用按钮和接触器控制电动机的起停，用组合开关选择电动机的旋转方向的主电路及控制电路，并应具备短路和过载保护。

3. 如果将电动机的控制电路接成如图 2.37 的四种情况，欲实现自锁控制，试标出图中的电气元件文字符号，再分析线路接线有无错误，并指出错误将造成什么后果？

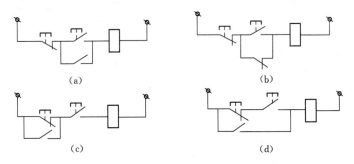

图 2.37　电动机控制电路的四种接线方法

4. 试画出一台电动机需单向运转，两地控制，既可点动也可连续运转，并在两地各安装有运行信号指示灯的主电路及控制电路。

5. 试用行程原则来设计某机床工作台的自动循环线路，并应有每往复移动一次，即发一个控制信号，以显示主轴电动机的转向。

6. 试用时间原则设计 3 台笼型异步电动机的电气线路，即 M1 启动后，经 3s，M2 自行启动，再经 10s，M3 自行启动，同时停止，并应有信号显示。

7. 什么是点动控制？在图 2.38 的五个点动控制线路中：

(1) 标出各电器元件的文字符号。

(2) 判断每个线路能否正常完成点动控制？为什么？

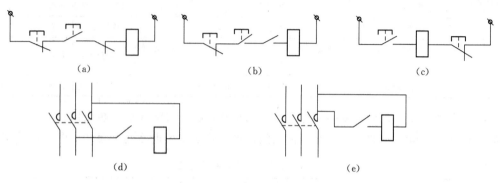

图 2.38 五个点动控制线路

8. 如图 2.39 所示为正反转控制的几种主电路及控制电路，试指出各图的接线有无错误，错误将造成什么现象？

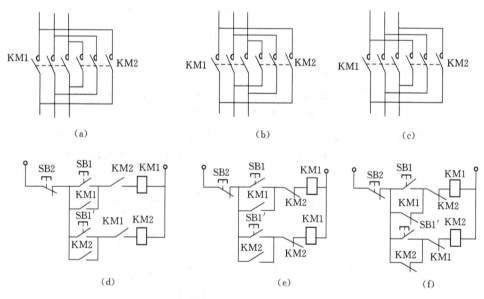

图 2.39 几种正反转控制主电路及控制电路
(a)、(b)、(c) 主电路；(d)、(e)、(f) 控制电路

9. 已知有两台笼型异步电动机为 M1 和 M2，要求：M1 和 M2 可分别启动；停车时要求 M2 停车后 M1 才能停车，试设计满足上述要求的主电路及控制电路。

第3章 典型机床控制线路

本模块主要介绍了典型机床控制线路的分析方法、设计思路与技巧和操作方法等知识与技能。

3.1 电气线路分析基础

3.1.1 电气控制线路分析的内容

电气控制线路分析的主要内容如下：
(1) 设备说明书。
(2) 电气控制原理图。
(3) 电气设备总装接线图。
(4) 电气元件布置图与接线图。

3.1.2 电气原理图阅读分析的方法步骤

电气原理图阅读分析的方法步骤如下：

(1) 分析主电路。从主电路入手，根据每台电动机和执行电器的控制要求去分析它们的控制内容。控制内容包括启动、转向控制、调速、制动等。

(2) 分析控制电路。根据主电路中各电动机和执行电器的控制要求，逐一找出控制电路中的控制环节，利用前面学过的典型控制环节的知识，按功能不同将控制线路"化整为零"来分析。分析控制线路最基本的方法是"查线读图法"。

(3) 分析辅助电路。辅助电路包括电源指示、各执行元件的工作状态显示、参数测定、照明和故障报警等部分，它们大多是由控制电路中的元件来控制的，所以在分析辅助电路时，还要回过头来对照控制电路进行分析。

(4) 分析联锁及保护环节。机床对于安全性及可靠性有很高的要求，实现这些要求，除了合理地选择拖动和控制方案外，还在控制线路中设置了一系列电气保护和必要的电气联锁。

(5) 总体检查。"查线读图法"是分析电气原理图的最基本的方法，其应用也最广泛。

3.2 车床电气控制线路

3.2.1 车床的主要结构与运动分析

如图3.1所示为C650卧式车床结构示意图。它主要由床身、主轴变速箱、尾座进给箱、丝杠、光杠、刀架和溜板箱等组成。其主运动为卡盘或顶尖带动工件的旋转运动；进给运动为溜板带动刀架的纵向或横向直线运动；辅助运动有刀架的快速进给与快速退回；车床的调速采用变速箱。

3.2.2 车床的电力拖动形式及控制要求

1. 主轴的旋转运动

C650型车床的主运动是工件的旋转运动，由主电机拖动，其功率为30kW。主电机由接触器控制实现正反转，为提高工作效率，主电机采用反接制动。

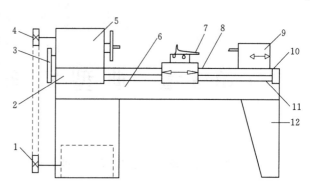

图 3.1　C650卧式车床结构
1、4—带轮；2—尾座进给箱；3—挂轮架；5—主轴变速箱；
6—床身；7—刀架；8—溜板箱；9—尾架；10—丝杆；
11—光杆；12—床腿

2. 刀架的进给运动

溜板带着刀架的直线运动，称为进给运动。刀架的进给运动由主轴电动机带动，并使用走刀箱调节加工时的纵向和横向走刀量。

3. 刀架的快速移动

为了提高工作效率，车床刀架的快速移动由一台单独的快速移动电动机拖动，其功率为2.2kW，并采用点动控制。

4. 冷却系统

车床内装有一台不调速、单向旋转的三相异步电动机拖动冷却泵，供给刀具切削时使用的冷却液。

3.2.3 车床的电气控制线路分析

C650卧式车床的电气控制原理图如图3.2所示。

3.2.3.1 主电路

主电动机M1通过KM1、KM2两个接触器实现正反转，FR1作过载保护，R为限流电阻，电流表PA用来监视主电动机的绕组电流，由于主电动机功率很大，故PA接入电流互感器TA回路。当主电动机启动时，电流表PA被短接，只有当正常工作时，电流表PA才指示绕组电流。KM3用于短接电阻R。

冷却泵电机M2通过KM4接触器控制冷却泵电动机的起停，FR2为M2的过载保护用热继电器。

快速电机M3由KM5接触器控制快速移动电动机M3的起停，由于M3点动短时运转，故不设置热继电器。

3.2.3.2 控制电路

1. 主轴电动机的点动控制

如图3.2所示，按下点动按钮SB2不松手→接触器KM1线圈通电→KM1主触点闭合→主轴电动机把限流电阻R串入电路中进行降压启动和低速运转。

3.2 车床电气控制线路

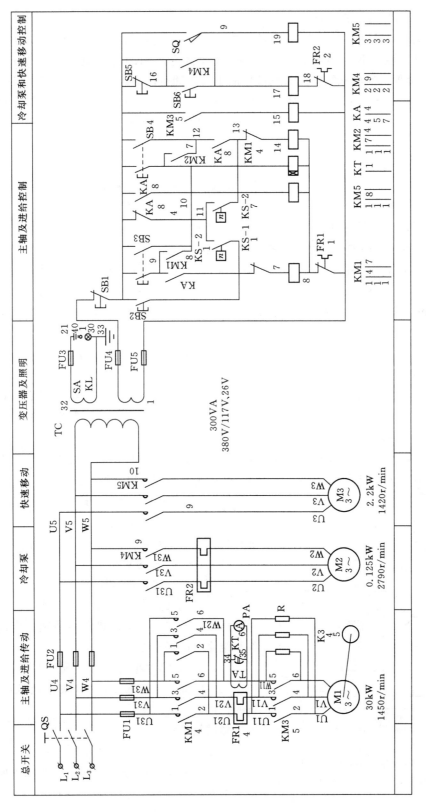

图 3.2 C650 卧式车床的电气控制原理

2. 主轴电动机的正反转控制

按下正向启动按钮 SB3→KM3 线圈通电→KM3 主触点闭合→短接限流电阻 R 同时另有一个常开辅助触点 KM3（5～15）闭合→KA 线圈通电→KA 常开触点（5～10）闭合→KM3 线圈自锁保持通电→把电阻 R 切除同时 KA 线圈也保持通电。

另一方面，当 SB3 尚未松开时，由于 KA 的另一常开触点（9～6）已闭合→KM1 线圈通电→KM1 主触点闭合→KM1 辅助常开触点（9～10）也闭合（自锁）→主电动机 M1 全压正向启动运行；反向启动过程与正向类似。

3. 主电动机的反接制动控制

C650 车床采用反接方式制动，用速度继电器 KS 进行检测和控制。原理分析如下：假设原来主电动机 M1 正转运行，则 KS-1（11～13）闭合，而反向常开触点 KS-2（6～11）依然断开。当按下反向总停按钮 SB1（4～5）后，原来通电的 KM1、KM3、KT 和 KA 就随即断电，它们的所有触点均被释放而复位。然而，当 SB1 松开后，反转接触器 KM2 立即通电，电流通路是：4（线号）→SB1 常闭触点（4～5）→KA 常闭触点（5～11）→KS 正向常开触点 KS-1（11～13）→KM1 常闭触点（13～14）→KM2 线圈（14～8）→FR1 常闭触点（8～3）→3（线号）。这样主电动机 M1 就串接电阻 R 进行反接制动，正向速度很快降下来，当速度降到很低时（$n \leqslant 120$r/min），KS 的正向常开触点 KS-1（11～13）断开复位，从而切断了上述电流通路，至此正向反接制动就结束了。

4. 刀架快速移动控制

转动刀架手柄，限位开关 SQ（5～19）被压动而闭合，使得快速移动接触器 KM5 线圈得电，快速移动电动机 M3 就启动运转，而当刀架手柄复位时，M3 随即停转。

5. 冷却泵控制

按 SB6（16～17）按钮→KM4 接触器线圈得电并自锁→KM4 主触点闭合→冷却泵电动机 M2 启动运转；按下 SB5（5～16）→KM4 接触器线圈失电→M2 停转。

3.2.3.3 车床电气控制线路的特点

（1）主轴的正反转是通过电气方式，而不是通过机械方式实现的。

（2）主电动机的制动采用了电气反接制动形式，并用速度继电器进行控制。

（3）控制回路由于电气元件很多，故通过控制变压器 TC 与三相电网进行电隔离，提高了操作和维修时的安全性。

（4）采用时间继电器 KT 对电流表 PA 进行保护。

（5）中间继电器 KA 起着扩展接触器 KM3 触点的作用。

知识拓展：

如图 3.3 所示为 Z3040 型摇臂钻床结构示意图，参考上面车床的分析，试就如图 3.4 所示的钻床电气控制线路图进行分析。

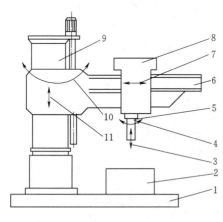

图 3.3 Z3040 型摇臂钻床结构
1—底座；2—工作台；3—主轴纵向进给；4—主轴旋转主运动；5—主轴；6—摇臂；7—主轴箱沿摇臂径向运动；8—主轴箱；9—内外立柱；10—摇臂回转运动；11—摇臂垂直移动

3.2 车床电气控制线路

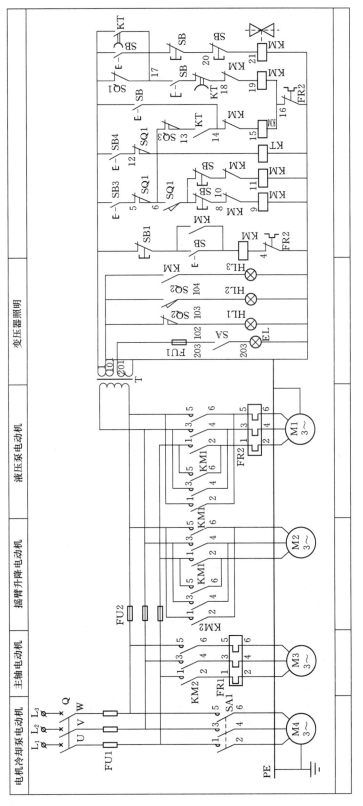

图 3.4 Z3040 摇臂钻床电气控制原理

第二篇

PLC技术及其基础应用

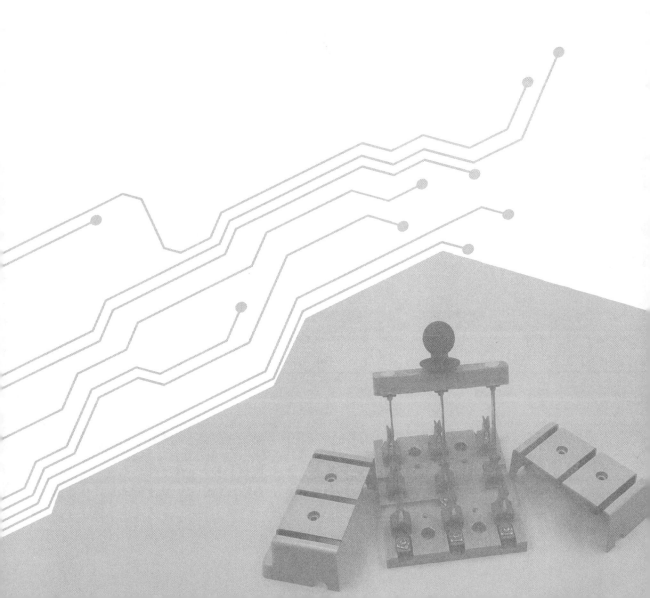

第 4 章　PLC 的基础知识

4.1　PLC 是什么

　　PLC 即可编程控制器（Programmable Logic Controller），是一种以计算机技术为基础的新型工业控制装置。

　　PLC 的产生源于美国汽车制造业飞速发展的需要。20 世纪 60 年代后期，汽车型号更新速度加快。通用汽车公司（General Motors Corporation，GM）发现，每次出产新的车型，整个生产线就要从头修改一遍，不计其数根电缆都要从头接，花费时间长，还容易犯错，出了错还不好找，声称"查找 5 小时，修理 5 分钟"。这个时期的汽车制造生产线上使用的继电接触器控制系统，尽管具有原理简单、使用方便、部件动作直观、价格便宜等诸多优点，但由于其控制逻辑由元器件的固有布线方式来决定，因此缺乏变更控制过程的灵活性，不能满足用户快速改变控制方式的要求，无法适应汽车换代周期迅速缩短的需要。1968 年，为了适应轿车型号不断更新的需求，并能在竞争激烈的轿车工业中占有优势，通用汽车公司提出研发一种新式的工业控制设备来替代继电器控制设备，并提出了新型电气控制装置的十点招标要求，包括：继电控制系统设计周期短、更改容易、接线简单、成本低；能把计算机的功能和继电控制系统结合起来，但编程又比计算机简单易学、操作方便；系统通用性强等。1969 年，美国数字设备公司（Digital Equipment Corporation，DEC）结合计算机和继电器接触器控制系统二者的优点，按通用汽车公司的招标要求完成了研制工作，并在美国通用汽车公司的自动生产线上试用成功，从而诞生了世界上第一台可编程控制器。

　　国际电工委员会（IEC）在 1987 年 2 月通过了对可编程控制器的定义：可编程控制器是一种数字运算操作的电子系统，专为在工业环境应用而设计的。它采用一类可编程的存储器，用于其内部存储程序，执行逻辑运算、顺序控制、定时、计数与算术操作等面向用户的指令，并通过数字或模拟式输入/输出控制各种类型的机械或生产过程。可编程控制器及其有关外部设备，都按易于与工业控制系统联成一个整体、易于扩充其功能的原则设计。

　　总之，可编程控制器是一台专为工业环境应用而设计制造的计算机。它具有丰富的输入/输出接口，并且具有较强的驱动能力。但可编程控制器产品并不针对某一具体工业应用，在实际应用时，其硬件根据实际需要进行选用配置，其软件根据实际控制要求进行设计编制。可以说，可编程序控制器是计算机技术与继电器、接触器控制技术相结合的产物。

因此，学习 PLC，在硬件方面需要学习低压电气设备部件、电气控制技术等知识；而在软件方面，则需要学习梯形图逻辑编程、状态转移图编程，甚至 C 语言等高级编程语言的编程知识。

4.2 PLC 能做什么

与个人电脑相比较，PLC 的特点是拥有强大的数据采集能力和对某一种自动控制过程的优秀处理能力，在工业、制造业、民用领域，如汽车制造厂生产线、电梯、自动洗衣机等系统的工作过程控制中有着广泛的应用。

举个例子，如果用一个开关控制一盏灯的通电、断电，它的控制电路如图 4.1 所示。

图 4.1 灯泡控制系统（1）

如果要求开关接通后，延时一定的时间之后灯再点亮，则控制电路如图 4.2 所示。

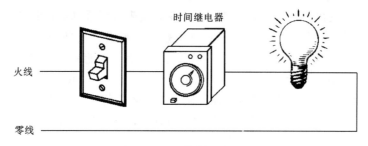

图 4.2 灯泡控制系统（2）

如果希望开关接通后，灯能够以一定的频率闪烁，那么可以使用 PLC 进行控制，其系统结构如图 4.3 所示。PLC 对灯的具体控制效果由 PLC 内的程序决定。只要修改程序，就可以改变控制的效果，包括延时自动控制、闪烁等。

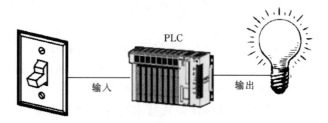

图 4.3 灯泡控制系统（3）

4.3 PLC 的内部系统

PLC 可以看作是一种特殊的计算机,主要用于工业设备和系统的顺序控制。因此,和个人 PC 机一样,PLC 系统由硬件和软件组成。

4.3.1 PLC 的硬件系统

PLC 内部和典型的个人 PC 机一样,由中央处理器 CPU、存储器、电源等模块构成。不同的是,PLC 设计成能适应各种工业生产环境,并具备灵活的输入/输出接口以连接工业系统中的各种电器元件和电气设备。

PLC 内部可分为 4 个核心部分:中央处理单元(CPU)模块、电源模块、存储器和输入/输出(I/O)模块。PLC 基本单元系统结构如图 4.4 所示。

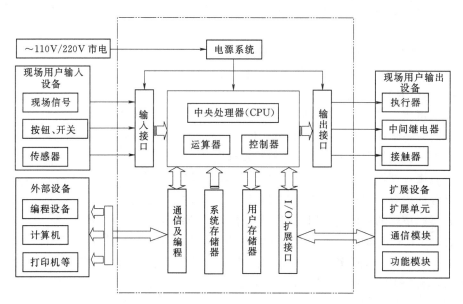

图 4.4 PLC 基本单元系统结构

1. CPU 模块

PLC 的核心是 CPU 模块。CPU 即中央处理器,是 PLC 的控制指挥中心。CPU 的主要功能有:接收输入信号并存入存储器、读出指令、执行指令将结果输出、处理中断请求和准备下一条指令等。

CPU 有不同的工作模式。编程模式(Programming)下,CPU 接受从编程器下载的程序,之后 CPU 可进入运行(RUN)模式,执行程序并控制系统设备工作。

根据系统的需要,制造商提供不同类型的 CPU 芯片。PLC 采用的 CPU 芯片就是微处理器或者单片机,内部装有厂家编写的监控程序。大部分 PLC 的 CPU 芯片是生产厂家为实现 PLC 的最佳性能自行研发的,也有些产品采用的是通用的芯片。例如 Intel 公司的 8086、Pentium 系列芯片;Intel 公司的 MCS51/96 系列单片机。三菱 FX2 系列 PLC 使用的微处理器是 16 位的 8096 单片机，而现在的 FX3U 系列的 CPU 已达到 64 位，运算处理速度达到了 $0.065\mu s$/基本指令。

2. 电源模块

PLC 的电源模块包含三个部分：

(1) PLC 的电源插座输入工作电压，$AC100\sim240V$，$50Hz/60Hz$。

(2) 为 PLC 内部其他模块供电的开关电源（DC24V）。

(3) 为掉电保护电路供电的后备电源（锂电池）。

3. 存储器

PLC 的存储器分为系统存储器和用户存储器，分别存放 PLC 的系统程序、用户程序以及相关数据。PLC 的编程软元件实质上就是存储器单元，每个单元都有唯一的地址。

PLC 常用以下几种存储器：

(1) 随机存取存储器（RAM）。用户可以用编程器读出 RAM 中的内容，也可以将用户程序写入 RAM，因此 RAM 又称为读/写存储器。它是掉电不保持的，将 RAM 的电源断开后，储存的信息将会丢失。

RAM 的工作速度高、价格低、改写方便。为了在关断 PLC 外部电源后，保存 RAM 中的用户程序和某些数据（如计数器的计数值），PLC 为 RAM 配备了一个锂电池。现在有的 PLC 仍用 RAM 来储存用户程序。

锂电池可用 2~5 年，需要更换锂电池时，PLC 面板上的"电池电压过低"发光二极管亮，同时有一个内部标志位变为"1"状态，可以用它的常开触点来接通控制屏面板上的指示灯或声光报警器，通知用户及时更换锂电池。

(2) 只读存储器（ROM）。ROM 的内容只能读出，不能写入。它的电源消失后，仍能保存储存的内容，因此 ROM 一般用来存放 PLC 的系统程序。

(3) 可电擦除的存储器 EPROM、EEPROM（E2PROM）。EPROM 兼有 ROM 的掉电保持性和 RAM 的随机存取优点。可以用 EPROM 编程器对其进行编程，但是写入信息所需的时间比 RAM 长得多。EEPROM 用来存放用户程序。有的 PLC 将 EEPROM 作为基本配置，有的 PLC 将 EEPROM 作为可选件。

4. 输入/输出（I/O）模块

输入/输出模块（I/O）是 PLC 与被控对象间传递输入/输出信号的接口部件。PLC 的输入部件通常有开关、按钮、传感器等；输出部件有电磁阀、接触器、继电器等。输入/输出接口有两个主要的要求：一是接口有良好的抗干扰能力；二是接口能满足工业现场各类信号的匹配要求。

(1) 输入接口。

1) 根据输入信号的类型分类：开关量接口、模拟量接口。

2) 按输入回路电流种类分类：直流输入接口、交流输入接口。

3) 按输入外部用户设备接线使用 COM 端子的分类：汇点输入接口、独立输入接口。

连接 PLC 的输入部件包括数字部件和模拟部件两种。因此，PLC 的输入接口可分为开关量接口和模拟量接口。

开关量接口可连接开关、按钮、传感器等输入开关量的部件。其作用是把现场设备部件输入的开关量信号变成PLC内部处理的标准信号。

开关量接口接受的输入信号有直流输入、交流输入和交流/直流输入信号，因此又可以分为直流输入接口和交流输入接口、交/直流输入接口（图4.5）。PLC输入接口中都有滤波电路及光电耦合隔离电路，滤波有抗干扰的作用，耦合有抗干扰及产生标准信号的作用。

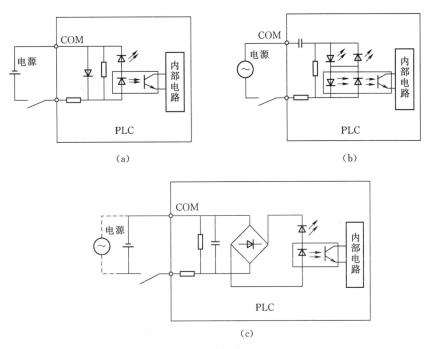

图4.5 PLC开关量输入接口
(a) 直流输入；(b) 交流输入；(c) 交/直流输入

模拟量接口连接压力传感器、流量计、热电偶等输入模拟量的部件。其作用是把现场设备部件输入的连续变化的模拟量标准信号转换成适合PLC内部处理的二进制数字表示的信号（A/D转换）。模拟量输入接口接受符合国际标准的通用电压电流信号，如4～20mA的直流电流信号，0～10V的直流电压信号等。

汇点输入接口可用于直流也可用于交流输入模块，输入元件共用一个公共端（汇集端）COM。可以是全部输入接点为一组，共用一个公共端和一个电源；也可将全部输入接点分为若干组，每组有一个公共端和一个电源。

独立输入接口每一个输入元件有两个接线端（COM端在PLC中是彼此独立的），由用户提供的一个独立电源供电，控制信号通过用户输入设备的触点输入。

(2) 输出接口。根据连接PLC的输出部件，PLC的输出接口可分为开关量输出接口和模拟量接口。根据输出端外部用户设备接线使用COM端子的情况，同样可分为汇点输出接口和独立输出接口。各类输出接口中也都具有光电耦合隔离电路。

开关量输出接口作用是把PLC内部的标准信号转换成现场执行机构所需的开关量信号，可控制LED灯、小电动机、继电器等设备的工作状态切换（通/断电）。开关量输出接口根据其模块具体使用的内部器件可分为继电器输出接口、晶体管输出接口和晶闸管输出接口三种。

1) 继电器输出接口。CPU 控制继电器 KA 线圈,由 KA 的一个常开触点控制外部负载。继电器输出接口可带交、直流负载,通断的频率低,但负载能力最强,由用户提供电源(图 4.6)。

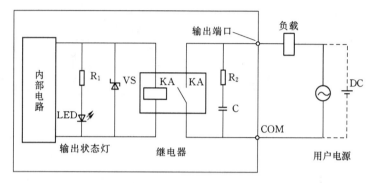

图 4.6 继电器输出电路

2) 晶体管输出接口。通过光耦合使开关晶体管 VT 通断控制外电路。晶体管输出接口只带直流负载,有较高的通断频率,用户提供直流电源(图 4.7)。

3) 晶闸管输出接口。由光电耦合器中的双向光敏二极管控制双向晶闸管的通断,从而控制外部负载。晶闸管输出接口只带交流负载,有较高的通断频率,交流电源由用户提供(图 4.8)。

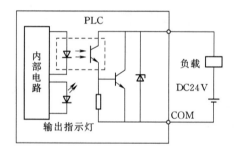

图 4.7 晶体管输出电路

模拟量输出接口作用是将 PLC 运算处理后的若干位数字量信号转换为相应的标准模拟量信号(如 4~20mA 的直流电流信号,0~10V 的直流电压信号)输出。模拟量输出接口一般由光电隔离、D/A 转换和信号驱动等环节组成。

汇点输出接口全部输出点汇集成一组,共用一个公共端 COM 和一个电源;或者将输出点分成若干组,每组一个公共端 COM 和一个独立电源。两种形式的电源均由用户提供,可用直流或交流。

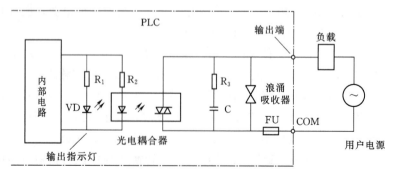

图 4.8 双向晶闸管输出电路

独立输出接口,每个输出点构成一个独立回路,由用户单独提供一个电源,各个输出点间相互隔离,负载电源按实际情况可用直流或交流。

FX2N 系列中,FX2N-16M 型全部为独立输出,其他机型输出均为每 4~8 点共用一个公共端。

4.3.2 PLC 的软件系统

1. PLC 的软件系统构成

PLC 的软件系统由图 4.9 所示的几个部分构成。

系统软件包括系统管理程序、用户指令解释程序和供系统调用的专用标准程序模块等,系统软件程序由 PLC 生产厂家提供,并固化在 EPROM 中,用户不能直接读写、修改。系统程序相当于个人计算机的操作系统,它使 PLC 能够完成 PLC 厂家设计规定的各种工作。

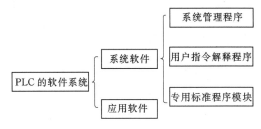

图 4.9 PLC 软件系统构成

(1) 系统管理程序用于运行管理、存储空间分配管理和系统的自检,控制整个系统的运行,在软件系统中相当于总指挥的角色。

(2) 用户指令解释程序的作用是把输入的应用程序(梯形图、状态转移图等)翻译成机器能够识别的机器语言。

(3) 专用标准程序模块是由许多独立的程序模块组成,各自能完成不同的功能。相当于编制、运行用户程序时要用到的"原材料"。

应用软件是用户为达到某种控制目的,采用 PLC 厂家提供的编程语言自主编制的程序。其采用存储在计算机中的程序实现控制功能,就是人们所指的存储逻辑。应用程序是一定控制功能的表述,同一台 PLC 用于不同的控制目的时就需要编制不同的应用软件。用户的应用软件存入 PLC 后,如果需改变控制目的,可根据具体控制功能要求多次改写。PLC 的用户程序由用户针对控制对象设计,用于实现对控制对象工作的具体控制,实现具体的控制功能。用户程序存储器的容量一般以"字"为单位,每个"字"由 16 位二进制数组成。三菱的 FX 系列 PLC 将用户程序存储器的单位称为"步"(step),1"步"也就是 1 个"字"。小型 PLC 的用户程序存储器容量在 1K 字左右,大型 PLC 的用户程序存储器容量可达数 M 字。

2. PLC 应用软件的编程语言

(1) 梯形图(ladder diagram)。梯形图语言是一种以图形符号及图形符号在图中的相互关系表示控制关系的编程语言,是从继电接触器控制电路演变过来的。学习时可将其与电气控制的顺序图进行比较(图 4.10 和图 4.11)。

(2) 指令表(instruction list)。指令表也称为语句表,它和单片机程序中的汇编语言有点类似,由语句指令依一定的顺序排列而成(图 4.12)。

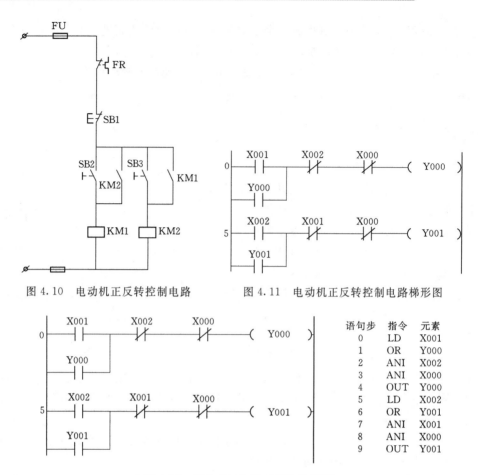

图 4.10　电动机正反转控制电路　　图 4.11　电动机正反转控制电路梯形图

图 4.12　指令表（与其对应的梯形图）

（3）顺序功能图（sequential function chart）。顺序功能图也称状态转移图或功能表图。顺序功能图模拟程序流程图，常用来编制顺序控制类程序。它包含步、动作、转换三个要素。顺序功能编程法可将一个复杂的控制过程分解为一些小的顺序控制要求连接组合成整体的控制程序（图 4.13）。

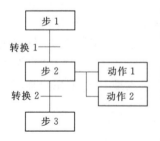

图 4.13　顺序功能图

（4）功能块图（function block diagram）。功能块图是一种类似于数字逻辑电路的编程语言，熟悉数字电路的人比较容易掌握。

该编程语言用类似与门、或门的方框来表示逻辑运算关系，方框的左侧为逻辑运算的输入变量，右侧为输出变量，输入端、输出端的小圆点表示"非"运算，信号自左向右流动。就像电路图一样，它们被"导线"连接在一起，如图 4.14 所示。功能块图是一种逐步发展起来的新式的编程语言，正在受到各种可编程控制器厂家的重视。

（5）结构文本（structured text）。随着 PLC 技术的飞速发展，如果许多高级功能还使用梯形图来表示，会很不方便。为了增强 PLC 的数学运算、数据处理、图表显示、报表打印等功能,方便用户的使用,许多大中型 PLC 都配备了 PASCAL、BASIC、C 等高级编程语言。这种编程方式称为结构文本。

与梯形图相比,结构文本有两个很大的优点:一是能实现复杂的数学运算;二是非常简洁和紧凑,用结构文本

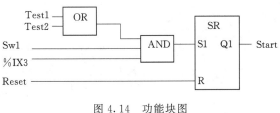

图 4.14 功能块图

编制极其复杂的数学运算程序可能只占一页纸。结构文本用来编制逻辑运算程序也很容易。

以上编程语言的五种表达式是由国际电工委员会(IEC)1994 年 5 月在可编程控制器标准中推荐的。对于一款具体的可编程控制器,生产厂家可在这五种表达方式提供其中的几种编程语言供用户选择。也就是说,并不是所有的可编程控制器都支持全部的五种编程语言。三菱的 FX 系列 PLC 支撑指令表、梯形图和顺序功能图这三种编程方式。

4.4 PLC 如何工作

4.4.1 PLC 的软元件

早期的电气控制系统以继电器-接触器控制为主。继电器-接触器控制系统由继电器等低压电器采用硬件接线实现的,系统控制功能的实现是利用继电器机械触点的串并联组合成控制逻辑,硬接线逻辑的连线多且复杂、体积大、功耗大,系统构成后,想再改变或增加功能较为困难。另外,继电器的触点数量有限,所以控制系统的灵活性和可扩展性受到很大限制。

就电路作用而言,PLC 内部等效电路可看作是由许多"软继电器"逻辑部件构成,包括辅助继电器、定时器、计数器等。这些内部功能元器件称为 PLC 内的编程软元件。PLC 编程软元件实质上是存储器单元,每个单元都有唯一的地址。为了满足不同的功用,存储器单元作了分区,因此也就有了不同功能类型的编程软元件。

编程软元件模拟继电器等电器部件的功能,包含"线圈"以及可供使用的"常开触点"和"常闭触点"。利用编程语言,按照一定的逻辑关系对这些软元件进行编程(调用),就可实现某种控制要求。这种利用内部软继电器的触点、线圈接线,由用户的程序实现系统控制,称为"软接线"。

PLC 的控制逻辑是以程序的方式存放在存储器中,要改变控制逻辑只需改变程序,因而很容易改变或增加系统功能。系统连线少、体积小、功耗小。而且 PLC 的"软继电器"通断电,实质上是存储器单元的状态(0/1),所以"软继电器"的触点数是无限的,PLC 系统的灵活性和可扩展性好。

4.4.2 PLC 的工作原理

PLC 通电后有两种工作状态:停机(STOP)和运行(RUN)。其采用循环扫描的工作方式,包括自诊断、与编程器通信、输入采样、程序执行、输出刷新几个阶段,如图

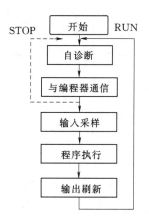

图 4.15 循环扫描工作过程

4.15 所示。

1. 自诊断

PLC 通电后，每次扫描用户程序前，对 CPU、存储器、I/O 模块等进行故障诊断，发现故障或异常情况则转入故障处理程序，保留现行工作状态，关闭全部输出，停机并显示出错信息。

2. 与编程器通信

自诊断正常后，PLC 对编程器、上位机等通信接口进行扫描，如有请求便响应处理。

3. 输入采样

完成前两步后，PLC 扫描各输入点，将各点状态和数据（开关的通/断、A/D 转换值、BCD 码数据等）读入到寄存输入状态的"输入映像寄存器"中存储，称为采样。当进入程序执行阶段，如果输入端点的状态发生改变，"输入映像寄存器"相应的单元信息并不会跟着改变，只有在下一个扫描周期的输入采样阶段，"输入映像寄存器"相应的单元信息才会改变。因此，PLC 会忽视掉小于扫描周期的输入端点的开关量的脉冲变化。

4. 程序执行

PLC 从用户程序存储器的最低地址（0000H）开始顺序扫描程序（无跳转情况），并分别从"输入映像寄存器"和"输出映像寄存器"中获得所需的数据进行运算、处理，再将程序执行的结果写入"输出映像寄存器"中保存。

注意：程序执行的结果并不是直接输出到输出端子。

5. 输出刷新

执行完一遍用户程序后，PLC 将"输出映像寄存器"中的内容送到寄存输出状态的"输出锁存器"中，再去驱动用户设备。这一过程称为输出刷新。

PLC 将上述五个阶段不断循环进行，不断循环扫描控制程序，实现对设备的连续控制，这就是循环扫描工作方式（图 4.16）。全过程扫描一次所需的时间称为扫描周期。

以上这种工作方式，PLC 的用户程序是按一定顺序循环执行，所以各软继电器都处于周期性循环扫描接通中，受同一条件制约的各个继电器的动作次序取决于程序扫描的顺

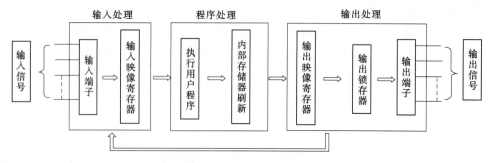

图 4.16 循环扫描工作原理

序。这种工作方式称为串行工作方式。

继电器控制系统中，电路中所有继电器都同时处于受制约状态，即符合吸合条件的继电器触点都同时吸合，不该吸合条件的继电器触点都同时断开。这种工作方式称为并行工作方式。如图 4.17（a）继电器控制系统中，当电源接通时，按钮 SB 接通后，中间继电器 KA 的线圈通电，受该线圈控制的所有触点同时动作：KA 常开触点接通，KA 常闭触点断开。因此 HL1 灯亮的同时 HL2 灯熄灭。

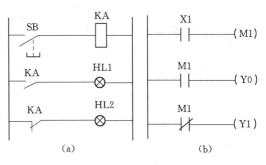

图 4.17　双灯控制系统
(a) 双灯控制系统顺序图；(b) 双灯控制系统梯形图

与图 4.17（a）继电器控制系统功能对应的 PLC 控制系统程序如图 4.17（b），X1 外接按钮 SB，Y0 外接灯泡 HL1，Y1 外接灯泡 HL2。PLC 系统通电进入运行状态后，对梯形图程序按照"从上到下，从左到右"的顺序进行扫描和执行。当 X1 接通时，根据逻辑判断接通 M1 线圈；扫描到 M1 的常开触点时，逻辑判断 Y0 线圈接通；扫描到 M1 常闭触点时，逻辑判断 Y1 线圈断开。因此 Y0 动作先于 Y1，HL1 灯的点亮动作先于 HL2 灯的熄灭。虽然 Y0 和 Y1 的动作本质上有先后之分，但由于 PLC 的 CPU 运算速度极快，指令执行时间不到 $1\mu s$，因此对于被其控制的电气部件（如灯泡）来说，这样的时间差可以忽略不计。该 PLC 系统功能与图 4.17（a）所示继电器控制系统功能相同。

4.5　如何搭建 PLC 的实践环境

4.5.1　PLC 通信基础

PLC 最常用的编程工具就是个人 PC 机。将 PLC 与其他电脑进行连接就构成了计算机网络，这将涉及有关网络通信的基础知识。PLC 的网络中，按照通信对象、层次可以把连接分成四类：

(1) 计算机与 PLC 之间的连接（上位链接）。

(2) PLC 与 PLC 之间的连接（同位链接）。

(3) PLC 主机与它们的远程模块之间的连接（下位链接）。

(4) PLC 与计算机网络之间的连接（网络链接）。

其中，要搭建一个用于 PLC 学习实践的系统，就属于上述的第一种链接，如图 4.18 所示。

4.5.2　通信介质

通信线（通信介质）就是在通信系统中位于发送端与接收端之间的物理通路。通信介质一般可分为导向性和非导向性介质两种。导向性介质有双绞线、同轴电缆和光纤等，这

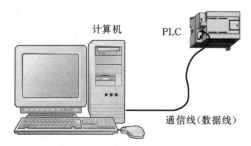

图 4.18 计算机与 PLC 之间的连接

种介质将引导信号的传播方向；非导向性介质一般通过空气传播信号，它不为信号引导传播方向，如短波、微波和红外线通信等。PLC 通常用导向性介质连接。传送介质性能比较见表 4.1。

通信线和 PC 机以及 PLC 通过专用接口进行连接。根据通信的具体方式，这些专用接口可分为不同的类型。

表 4.1 传送介质性能比较

性能	双绞线	同轴电缆	光缆
传送速率	1～4Mbps	1～450Mbps	10～500Mbps
连接方法	点对点，多 1.5km 不用中继器	点对点，多点 1.5km 不用中继器（基带）10km 不用中继器（宽带）	点对点 50km 不用中继器
传送信号	数字信号、调制信号、模拟信号（基带）	数字信号、调制信号（基带）数字、声音、图像（宽带）	调制信号（基带）数字、声音、图像（宽带）
支持网络	星型、环型	总线型、环型	总线型、环型
抗干扰	好	很好	极好

4.5.3　并行通信和串行通信

1. 并行通信

通信的两台数据设备之间一次传输 n 位数据，每一位各占一条信号线进行传输。这种通信方式的特点是传输速度高，但只适用于近距离通信。计算机内的数据总线一般都是以并行方式进行的，并行的数据传输线也称为总线（图 4.19）。

2. 串行通信

串行通信将需要传送的数据按顺序排列成数据流，在一条信道上传输。传输数据时一次只传一位数据，只需一根传输线。串行通信的传输速度与并行传输相比要低得多，但是在硬件信号的连接上节省了信道，成本低，利于远程传输。通信网和计算机网络中的数据传输都是以串行传输方式进行的（图 4.20）。

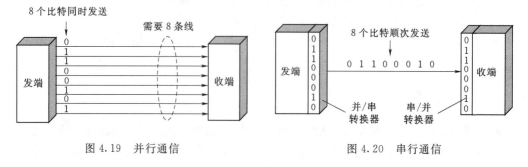

图 4.19　并行通信　　　　　　　　图 4.20　串行通信

一般情况下，PLC 主机与扩展模块之间通常采用并行通信；PLC 与计算机、PLC 与 PLC、PLC 与人机界面、PLC 与变频器之间采用串行通信。

4.5.4 数据传送方向

串行通信时，在通信线路上按照数据的传送方向可以分为单工通信、半双工通信和全双工通信方式。

1. 单工通信

单工通信指通信信道是单向信道，数据信号仅沿一个方向传输，发送方只能发送不能接收，接收方只能接收而不能发送，任何时候都不能改变信号传送方向。无线电广播和电视都属于单工通信（图4.21）。

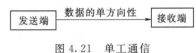

图 4.21 单工通信

2. 半双工通信（双向交替通信）

半双工通信的信号可以沿两个方向传送，但同一时刻一个信道只允许单方向传送，即两个方向的传输只能交替进行，而不能同时进行。当改变传输方向时，要通过开关装置进行切换。半双工信道适合于会话式通信，比如对讲机、步话机、航空、航海的无线电台。半双工通信要求频繁变换信道方向，效率低；节约线路，比单工贵，但比全双工便宜（图4.22）。

图 4.22 半双工通信

3. 全双工通信（双向同时通信）

全双工通信是指数据可以同时沿相反的两个方向作双向传输。效率最高，但控制相对复杂一些，成本高，一般采用多条线路或频分法来实现。电话、计算机之间通信、光纤通信等采用的就是全双工通信（图4.23）。

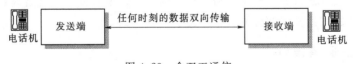

图 4.23 全双工通信

4.5.5 异步传输方式和同步传输方式

数据在传输线上传输时，为保证发送端设备发送的信息能够被接收端设备正确无误地接收，要求发送端和接收端设备动作的起始时间和频率保持一致，这种技术称为"同步技术"。数据传输的同步技术，简单地说就是解决数据接收方如何判断接收到的数据有几个"0"、几个"1"的问题（图4.24）。

1. 异步传输方式（字符同步）

收发设备双方使用各自的时钟，频率事先约定好，以字符为单位传输数据。每个字符

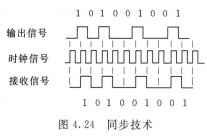

图 4.24 同步技术

都独立传输，字符前后插入起止位。起始位为"0"，对接收方的时钟起置位作用；结束位为"1"，告诉接收方该字符传送结束。接收设备每收到一个字符的开始位后进行同步（图 4.25）。

异步传输方式实现容易，但传一个字符就要进行一次同步，效率低，常用于远距离传输数据。

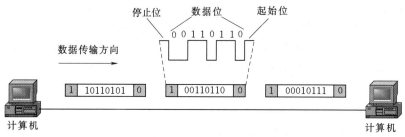

图 4.25 异步传输方式

2. 同步传输方式（位同步）

通信双方使用同一时钟，可以是发送方的时钟或接收方的时钟。在开始发送一帧数据前先发送固定长度的"帧同步"字符，发送完数据后再发送"帧终止"字符。以固定的时钟节拍来发送数据信号，字符间顺序相连，既无间隙也没有插入位。收发双方的时钟信号与传输的每一位严格对应，以达到位同步（图 4.26）。

图 4.26 同步传输方式

同步传输方式传输数据过程中不需要进行同步，传输效率高，适合高速传输大的数据块。如计算机内部磁盘文件的传输就常用同步传输方式。

4.5.6 PLC 的通信接口

搭建一个用于 PLC 学习实践的系统（基本单元），采用的通信方式是串行通信，因此需要了解 PLC 的串行通信接口。串行通信接口标准主要有 RS-232C、RS-422 和 RS-485。

1. RS-232C

RS-232 是美国电子工业协会 EIA（Electronic Industry Association）制定的一种串行物理接口标准。RS 是英文"推荐标准"的缩写，232 为标识号，C 表示修改次数。RS-232C 接口采用按位串行的方式单端发送、单端接收。传送距离近，数据传送速率低，抗干扰能力差。广泛地用于计算机与终端或外设之间的近距离通信。RS-232C 采用共地传送方式，容易引起共模干扰。通常，个人台式计算机配备的串行接口是 RS-232 标准接口，欧姆龙的 PLC 常用 RS-232 接口（图 4.27 和图 4.28）。

2. RS-422

RS-422 标准全称是"平衡电压数字接口电路的电气特性"。RS-422 接口采用两对平衡差分信号线，以全双工方式传送数据。最大传输速率可达到 10Mbps，最大传送距离为 1200m。一台驱动器可以连接 10 台接收器。抗干扰能力较强，广泛地用于计算机与终端或外设之间的远距离通信。三菱 FX 系列的 PLC 普遍采用 RS-422 端口（图 4.29）同编程器或 PC 连接通信（图 4.30）。

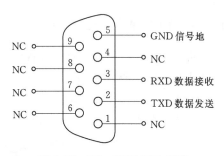

图 4.27　RS-232C DB9 引脚

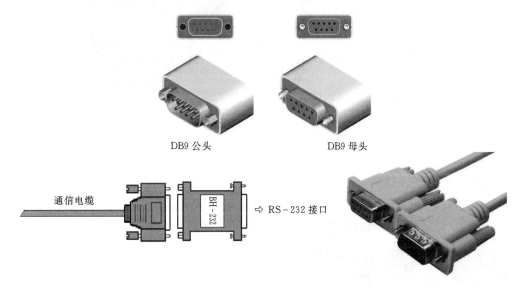

图 4.28　RS-232C DB9 实物

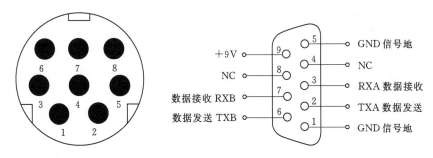

图 4.29　圆八针 RS-422MD 头　　图 4.30　RS-422 DB9 头引脚

3. RS-485

RS-485 是 RS-422 的变形。与 RS-422 接口相比，RS-485 只有一对平衡差分信号线，以半双工方式传送数据，能够在远距离高速通信中，以最少的信号线完成通信任务。使用 RS-485 接口和双绞线可以组成串行通信网络，构成分布式系统。新的接口器件已允许连接多达 128 个站。西门子 S7 系列 PLC 的通信端口以 RS-485 为主。

4.5.7 PLC 通信接口的转换

综上所述，不同的计算机设备配备的串行通信接口不同，个人台式计算机配备的串行接口是 RS-232 标准接口，三菱 FX 系列的 PLC 普遍采用 RS-422 标准接口，西门子 S7 系列 PLC 的通信端口以 RS-485 标准接口为主。那么当我们要将不同通信接口的设备进行连接时，需要解决接口转换的问题（图 4.31）。

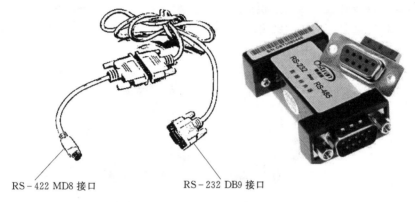

RS-422 MD8 接口　　　RS-232 DB9 接口

图 4.31　RS-232/RS-422 转接线和转接块

如图 4.18 所示，如果我们要将个人台式计算机（配置 RS-232 标准接口）和三菱 FX 系列 PLC（配置 RS-422 标准接口）进行连接，需要一个 RS-232/RS-422 互相转换的转接块或转接线。

目前，大多数新的笔记本电脑为了节省空间，取消了 RS-232 标准的接口，但一般会配有 USB（通用串行总线）接口。为了适应计算机外部设备的发展，部分品牌的台式机也配置了 USB 接口。这样，当我们要通过 USB 接口连接 PLC，则需要 USB-RS-232（或 USB-RS-232/422/485）的转接电缆，安装完驱动后即可正常使用（图 4.32）。

图 4.32　USB-RS-232 的转接电缆

第 5 章 PLC 的编程工具

5.1 PLC 控制系统设计的一般步骤

5.1.1 PLC 控制系统设计的基本原则

任何一种电气控制系统都是为了实现生产设备或生产过程的控制要求和工艺需要,从而提高产品质量和生产效率。因此,在设计 PLC 应用系统时,应遵循以下基本原则:

(1) 充分发挥 PLC 功能,最大限度地满足被控对象的控制要求。

(2) 在满足控制要求的前提下,力求使控制系统简单、经济、使用及维修方便。

(3) 保证控制系统安全可靠。

(4) 应考虑生产的发展和工艺的改进,在选择 PLC 的型号、I/O 点数和存储器容量等内容时,应留有适当的余量,以利于系统的调整和扩充。

5.1.2 PLC 控制系统设计的一般步骤

PLC 控制系统设计可以按以下步骤进行,如图 5.1 所示。

(1) 分析被控对象、明确控制要求。根据客户要求,详细分析被控对象的工艺过程及工作特点、了解被控对象机、电、液设备之间的配合,提出被控对象对 PLC 控制系统的控制要求,确定控制方案,拟定设计任务书。

(2) 选择 PLC 机型。首先根据系统的控制要求,确定系统所需的全部输入设备和输出设备。常用的输入设备有按钮、位置开关、转换开关及及各种传感器等;常用的输出设备有接触器、电磁阀、信号指示灯及其他执行器等。输入设备和输出设备是连接到 PLC 输入接线端子和输出接线端子的设备,确定与 PLC 有关的输入/输出设备是为了确定 PLC 的 I/O 点数,以便进行 PLC 型号的选择。

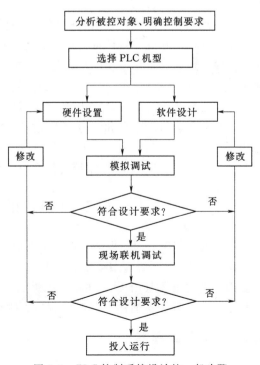

图 5.1 PLC 控制系统设计的一般步骤

除机型选择外，还要进行包括对 PLC 的品牌、功能的选择；内存的估算；I/O 模块、电源等的选择。

（3）硬件设置。根据系统所需的全部输入设备和输出设备来分配 I/O 点，画出 I/O 分配表，并画出 PLC 的 I/O 点（输入/输出接线端子）与输入/输出设备的接线图（PLC 的 I/O 连接图）。

画出系统其他部分的电气线路图（PLC 外围电气线路图》，包括主电路和未进入 PLC 的控制电路等。由 PLC 的 I/O 连接图和 PLC 外围电气线路图组成系统的电气原理图。到此为止，系统的硬件设置和电气线路已经基本确定。

（4）软件设计。PLC 程序设计的一般步骤如下：

1）对于较复杂的控制系统、根据生产工艺要求绘制系统的控制流程图或功能流程图；对于简单的控制系统可省去这一步。

2）设计梯形图或 SFC 程序。

3）若采用简易编程器（只支持指令表），根据梯形图编写指令表程序。

4）对程序进行仿真调试及修改，直到满足控制要求为止。调试过程中，可采用分段调试的方法，并利用编程器的监控功能。

（5）模拟调试。设计控制柜和操作台等部分的电气布置图及安装接线图；设计系统各部分之间的电气互连图；根据施工图纸进行观场接线，并分别对硬件系统和软件程序进行详细检查以及模拟调试。

如果软件设计与硬件设置同时进行，PLC 控制系统的设计周期可大大缩短。若模拟调试结果符合要求，即可进入下一步骤；如果硬件或软件部分有不符合要求的地方，则需要修改至合格才可进入联机调试。

（6）现场联机调试。现场联机调试是将已通过模拟调试的程序进一步与硬件系统一起进行全系统观场在线统一调试。观场联机调试过程应循序渐进，从 PLC 只连接输入设备、再连接输出设备、再接上实际负载等逐步进行调试。如不符合设计要求，则对硬件和程序作调整。全部调试完毕后，才可交付试运行。经过一段时间试运行，如果系统工作正常、程序不需要修改，应将程序固化到 EPROM 中，以防程序丢失。

（7）投入运行。整理和编写技术文件。技术文件包括设计说明书、硬件原理图，安装接线图、电器元件明细表、PLC 程序以及使用说明书等。最后，将完整的技术文件和已经完成现场联机调试的 PLC 系统交付客户，系统投入正式运行。

5.2 PLC 的编程工具

PLC 的编程工具即编程器，它的主要功能是编辑与输入用户程序、调试与修改用户程序、监控程序的运行等。编程器是设计、开发和维护 PLC 控制系统用户程序的重要工具。

PLC 的编程工具由 PLC 生产厂家提供，只能适用于特定 PLC 的软件编程。不同系列 PLC 的编程器互相不通用。PLC 编程器一般有简易编程器和图形编程器两种。

5.2.1 简易编程器

简易编程器又称手持式编程器。简易编程器的外形与一部普通的计算器大致相同。使用时把简易编程器直接插入 PLC 的专用插口,由 PLC 提供电源。简易编程器只能与 PLC 直接联机编程,不能脱机编程。一般只能输入和编辑语句表指令程序,不能直接编辑梯形图程序。简易编程器多用于小型 PLC 的编程,或用于 PLC 控制系统的现场调试和维修(图 5.2)。

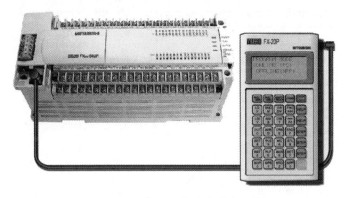

图 5.2 三菱 PLC 的手持式编程器

5.2.2 图形编程器

图形编程器本质上是一台便携式专用计算机,可使用多种语言编程,直接生成和编辑梯形图程序、状态转移图程序等多种用户程序。图形编程器既可以联机编程也可以脱机编程。而且这种编程器可以与打印机、绘图仪等设备连接,直观监控功能强,适用于中型、大型的 PLC(图 5.3)。

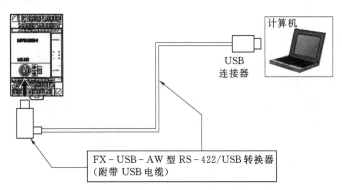

图 5.3 使用 PC 机作为图形编程器

使用个人计算机编程是 PLC 发展的趋势。现在有些 PLC 已不再提供专用编程器,厂家为用户配有相应的通信连接电缆和硬件接口,以及可安装在个人计算机上的编程软件,方便用户在个人计算机上进行图形化编程、调试等操作。

5.3 GX Developer 编程软件的使用

世界上各主要 PLC 生产厂家都提供了在个人计算机上运行的专用编程软件,借助于相应的通信接口装置,用户可以在个人计算机上通过专用编程软件实现程序编辑、调试、监视运行等各种功能，而且专用编程软件一般可适用于一系列的 PLC 系统。为了方便离线测试和调试程序，有些厂家还配备了 PLC 仿真软件，如三菱 FX 系列 PLC 的编程软件 GX Developer（图 5.4）。

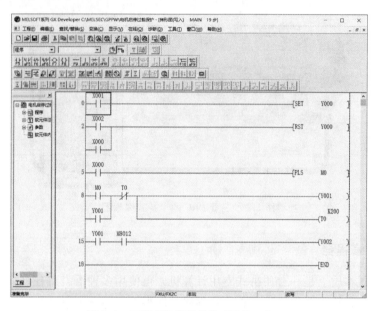

图 5.4　三菱 FX 编程软件 GX Developer

三菱 PLC 编程软件有好几个版本，早期的 FXGP/WIN－C 和最新的 GX Developer 相互兼容，但 GX Developer 界面更友好、功能更强大、使用更方便。

这里介绍 GX Developer 7.08 版本，它适用于三菱的 Q 系列、QnA 系列、A 系列以及 FX 系列的所有 PLC。GX 编程软件简单易学，具有丰富的工具箱，直观形象的视窗界面。GX 编程软件可以编写梯形图程序和状态转移图程序，它支持在线和离线编程功能，并具有软元件注释、声明、注解及程序监视、测试、故障诊断、程序检查等功能。此外，该软件具有突出的运行写入功能，不需要频繁操作 STOP/RUN 开关，方便程序调试。

下面介绍 GX 编程软件的使用方法。

5.3.1　GX 编程软件的操作界面

图 5.5 所示为 GX Developer 编程软件的操作界面，该操作界面大致由下拉菜单、工具条、编程区、工程数据列表、状态条等部分组成。在 GX Developer 编程软件中将要编辑的程序称之为工程。

1. 创建新工程

创建一个新工程的操作方法是：在菜单栏中单击"工程"→"创建新工程"命令，或者按"Ctrl＋N"组合键操作。弹出"创建新工程"的对话框，如图 5.6 所示。根据所用 PLC 的型号，在"创建新工程"对话框中选择工程适用的"PLC 系列""PLC 类型"。例如，当采用的 PLC 为三菱 FX2N－48MR 基本单元时，"PLC 系列"应选择"FXCPU"，

5.3 GX Developer 编程软件的使用

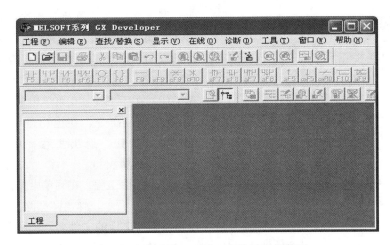

图 5.5　GX Developer 编程软件的操作界面

"PLC 类型"应选择"FX2N（C）"。选择要进行编程的"程序类型"（GX Developer 支持指令表、梯形图和 SFC 三种编程方式），然后单击"确定"按钮，或者按回车键即可。

2. 打开工程

打开工程的操作方法是：在菜单栏中单击"工程"→"打开工程"命令；或按"Ctrl+O"组合键；或者单击常用工具栏的打开按钮，即可弹出打开工程对话框，如图 5.7 所示。

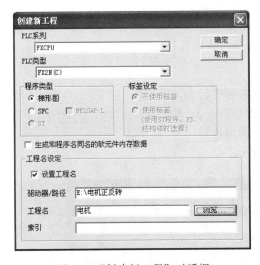

图 5.6　"创建新工程"对话框

图 5.7　"打开工程"对话框

在"打开工程"对话框中，选择工程项目所在的驱动器、工程存放的文件夹、工程名称，选中工程名称后，单击"打开"按钮即可。

3. 工程的保存、关闭和删除

（1）保存当前工程。在菜单栏中单击"工程"→"保存"命令；或者按"Ctrl+S"组合键；或者单击常用工具栏中的保存按钮即可。

如果第一次保存，屏幕显示"另存工程为"对话框，如图 5.8 所示。选择工程存放的

· 127 ·

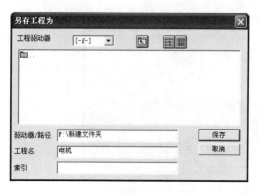

图 5.8 "另存工程为"对话框

驱动器、文件夹,填写工程名称、标题,再单击"保存"按钮。在使用新名称保存工程对话框中单击"是"按钮,保存工程;单击"否"按钮,返回编辑窗口。

(2) 关闭工程。在菜单中单击"工程"→"关闭工程"命令,在退出确认对话框中单击"是"按钮,退出工程;单击"否"按钮,返回编辑窗口。

(3) 删除工程。在菜单中单击"工程"→"删除工程"命令,弹出"删除工程"对话框。单击欲删除文件的文件名,按回车键;或者单击"删除"按钮;或者双击欲删除的文件名,弹出删除确认对话框。单击"是"按钮,确认删除工程。单击"否"按钮,返回上一对话框。单击"取消"按钮,不继续删除操作。

5.3.2 梯形图程序的编制

下面通过一个具体的实例,用 GX Developer 编程软件在计算机上编制如图 5.9 所示的梯形图程序的操作步骤。

1. 梯形图的输入

采用键盘和鼠标输入,通过图 5.10 中的"梯形图输入"对话框,绘制出梯形图。同时可以对输入的程序进行修改和检查。注意,此时的编辑区是灰色状态。

2. 梯形图的变换

梯形图程序编制完后,在写入 PLC 之前,必须进行变换。单击图 5.11 中"变换"菜单下的"变换"命令,或直接按 F4 键完成变换。变换后的程序编辑区不再是灰色状态,这时的程序才可以进行存盘或传送的操作。

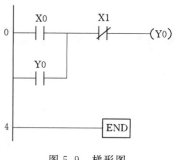

图 5.9 梯形图

图 5.10 程序编制画面

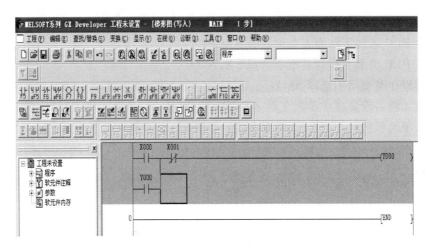

图 5.11 程序变换前画面

5.3.3 指令表程序的编制

指令表编制方式即直接输入指令,并以指令的形式显示的编程方式。对于图 5.9 所示的梯形图程序,其指令表程序在屏幕上的显示如图 5.12 所示。GX Developer 软件编写指令表程序的方法是先绘制其梯形图程序,然后通过转换功能将梯形图直接转换成对应的指令表程序。

如图 5.11 所示的梯形图,单击"梯形图/列表显示切换"按钮或"Alt+F1"键,即可将梯形图转换为指令表方式显示。在图 5.12 中,可继续对程序进行编写和修改,且指令表程序不需要变换。

图 5.12 指令表方式编制程序的画面

5.3.4 SFC 图程序的编制

在 GX Developer 软件中,如果要进行 SFC 编程,则应在新建工程时,在"创建新工程"的窗口中"程序类型"一项选择 SFC,具体如图 5.13 所示。几个项目选择和输入如下：

(1) 在 PLC 系列下拉列表框中选择 FXCPU。

(2) 在 PLC 类型下拉列表框中选择 FX2N（C）。

(3) 在程序类型项中选择 SFC。

(4) 在工程名设置项中设置工程名和驱动器/路径。

下面以单流程结构介绍 SFC 编程方法，如图 5.14 所示。

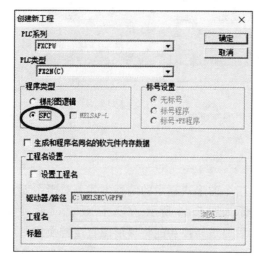

图 5.13 创建 SFC 工程

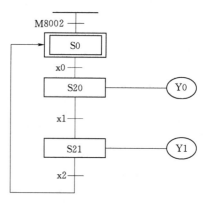

图 5.14 单流程 SFC

1. 输入用于激活初始步的梯形图（M8002 部分）

完成新工程创建工作后会弹出如图 5.15 所示的块列表窗口。双击第零块或其他块后，会弹出"块信息设置"对话框（图 5.16）。

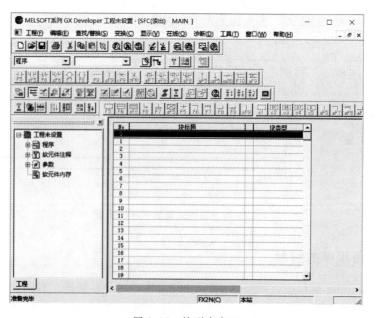

图 5.15 块列表窗口

图 5.16 所示的"块信息设置"对话框是对块编辑进行类型选择的窗口，有两种选择：SFC 块和梯形图块。

SFC 程序由初始状态开始，首先必须激活初始状态。而激活初始步的通用方法是利用一段梯形图程序，且这一段梯形图程序必须放在 SFC 程序的开头部分。所以，在图 5.16 的"块信息设置"对话框应单击"梯形图块"。在块标题栏中，填写该块的说明标题，也可以不填。

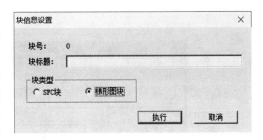

图 5.16 "块信息设置"对话框（1）

具体用于激活初始状态的软元件，一般采用辅助继电器 M8002，当然也可以采用其他元件的触点方式来完成。图 5.14 的单流程程序中，利用了 PLC 的辅助继电器 M8002 的上电脉冲激活初始状态 S0。

单击图 5.16 的"执行"按钮，弹出梯形图编辑界面，如图 5.17 所示。在该界面右边的梯形图编辑窗口中输入启动初始状态的梯形图。

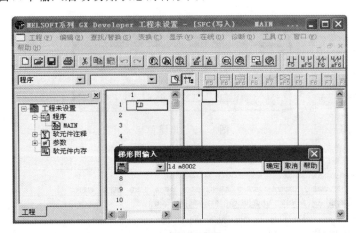

图 5.17 梯形图编辑界面

在梯形图编辑界面中单击第零行输入初始化梯形图如图 5.18 所示，注意采用 set 指令激活初始步 S0。

初始化梯形图输入完成后，单击"变换"菜单下拉，选择"变换"项或按 F4 快捷键，完成梯形图的变换。注意，在 SFC 程序的编制过程中，每一个状态中的梯形图编制完成后必须进行变换，才能进行下一步工作，否则将弹出图 5.19 的出错信息。

2. 输入工作步

在完成了程序的第一块（梯形图块）编辑以后，双击工程数据列表窗口中的"程序"\"MAIN"（图 5.20），返回块列表窗口（图 5.15），双击第一块，在弹出的块信息设置对话框中"块类型"一栏中选择 SFC，如图 5.21 所示。在块标题中可以填入相应的标题或什么也不填。单击执行按钮，弹出 SFC 程序编辑窗口如图 5.22 所示，在此窗口编写其余部分 SFC 程序。

第 5 章　PLC 的编程工具

图 5.18　初始化梯形图编辑窗口

图 5.19　出错信息

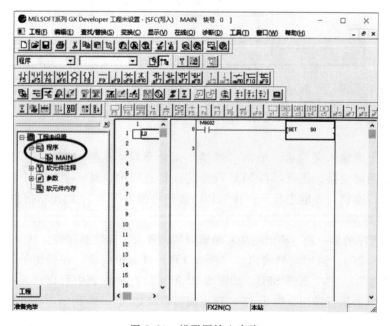

图 5.20　梯形图输入完毕

图 5.22 的编程窗口分左右两个部分。左窗口用于输入程序主干，包括步和转移；右窗口用于输入与左窗口"每步"工作任务对应的梯形图以及每个"转移"对应的转换条件。

图 5.22 的左窗口输入程序主干时，需要处理如何输入"转移""工作步""返回初始步"三种情况，这三种输入符号对应的窗口如图 5.23 所示。

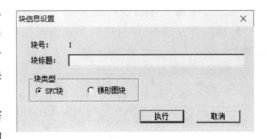

图 5.21 "块信息设置"对话框（2）

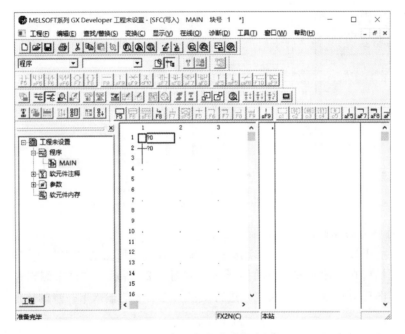

图 5.22 SFC 程序编辑窗口

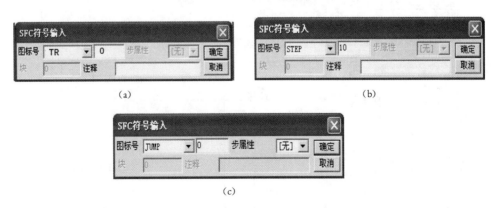

图 5.23 "SFC 符号输入"对话框

（a）输入转移符号；（b）输入工作步符号；（c）输入返回初始步符号

主干程序输入完成后如图 5.24 所示的左窗口。可见 SFC 程序中的每一个"状态步"和"转移"都是以 SFC 符号的形式出现在程序中,每一种 SFC 符号都有对应的图标和图标号。

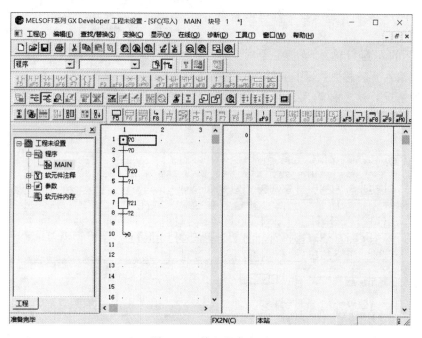

图 5.24 输入程序主干

3. 输入每一步的梯形图

完成程序主干输入后,将光标移动到需要输入对应梯形图的"步"或"转移",即可在右边窗口光标所在处输入该模块的梯形图,如图 5.25 所示。在这个编辑过程中,每编辑完一个梯形图后应对该部分(灰色)进行变换,之后才能输入下一步的梯形图。变换后

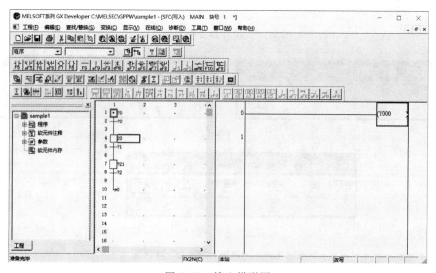

图 5.25 输入梯形图

梯形图则由原来的灰色变成亮白色。完成变换后再看 SFC 程序编辑窗口中该"步"或"转移"的问号（?）会消失。

4. 输入转移条件

SFC 程序的步与步之间都有转移和转移条件，每个转移对应的转移条件也是以梯形图的形式在程序编辑界面的右窗口输入。如图 5.26 所示，在 SFC 程序编辑左窗口将光标移到需要输入转移条件的"转移"处，在右窗口输入并编辑实现这个转移的转移条件梯形图。

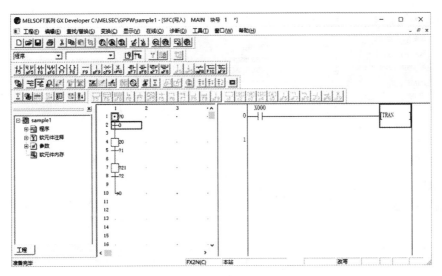

图 5.26　输入转移条件

注意：在 SFC 程序的梯形图中，所有的转移都用 TRAN 表示，意思是表示转移 (Transfer)。不可以采用"SET+S 元件"语句表示，否则将告知出错。

同样，在这个编辑过程中，每编辑完一个梯形图后应对该部分（灰色）进行变换，之后才能输入下一步的梯形图。

5. SFC 程序的变换

当所有 SFC 程序编辑完后，可单击"程序批量变换"按钮进行 SFC 程序的变换（编译），如果在变换时弹出了"块信息设置"对话框，可不用理会，直接单击执行按钮即可。经过变换后的程序如果成功，就可以进行仿真实验或写入 PLC 进行调试了。

如果想得到 SFC 程序所对应的顺序控制梯形图，可以单击菜单："工程"→"编辑数据"→"改变程序类型"（图 5.27），这时会跳出"改变程序类型"对话框（图 5.28），选择"梯形图"进行数据改变。

执行完改变数据类型后，可以看到由 SFC 程序变换成的梯形图程序，如图 5.29 所示。

以上介绍了使用 GX Developer 软件输入单流程结构的 SFC 程序的方法。综上，在输入、编辑 SFC 程序的过程中要注意：

(1) 在 SFC 程序中仍然需要进行梯形图的设计。

第 5 章　PLC 的编程工具

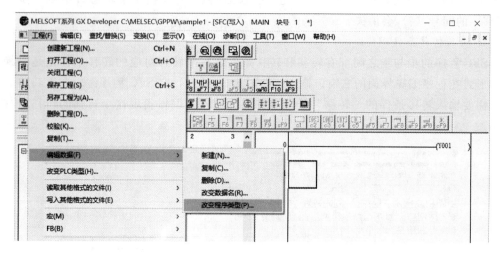

图 5.27　"改变程序类型"菜单

图 5.28　"改变程序类型"对话框

（2）SFC 程序中所有的步转移需用 TRAN 表示。

（3）每编辑完一个模块的梯形图应及时进行变换，然后才继续输入下一模块的梯形图。

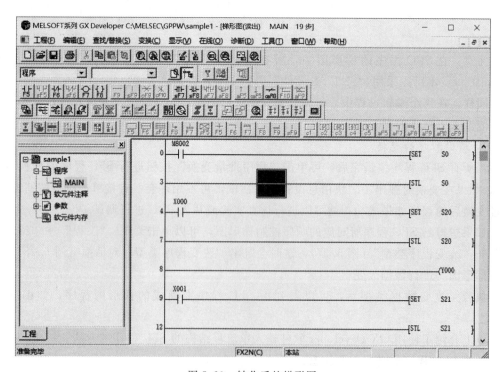

图 5.29　转化后的梯形图

5.4 GX Developer 编程软件的仿真工具

GX Developer 是一个功能强大的 PLC 开发软件，具有程序开发、监视以及对可编程控制器 CPU 的读写等功能。为了方便开发的过程中对程序进行仿真调试，三菱还提供了相应的仿真软件 GX Simulator。三菱 PLC 仿真软件 GX Simulator 的功能就是将编写好的程序在电脑中虚拟的 PLC 上运行。使用的时候，需要先安装编程软件 GX Developer，再安装仿真软件 GX Simulator。安装好的 GX Simulator 并没有独立的界面，为方便使用，GX Simulator 被集成到 GX Developer 软件中，作为 GX Developer 的一个插件来使用。所以 GX Simulator 安装好后，在 Windows 操作系统的桌面或者开始菜单中并没有该仿真软件的图标。而在 GX Developer 软件的窗口将出现仿真的快捷按钮，而且其"工具"菜单下将出现"梯形图逻辑测试起动"菜单项（图 5.30）。

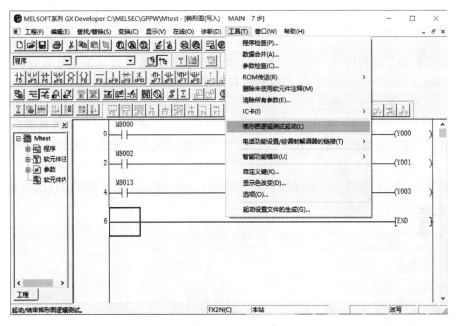

图 5.30　GX Simulator 仿真

如前所述，图 5.9 梯形图程序或图 5.14 单流程 SFC 程序编辑转换完成后，单击仿真按钮或"梯形图逻辑测试起动"菜单项，即可对程序进行仿真，模拟 PLC 程序运行的过程。

仿真过程如下。当单击仿真按钮或"梯形图逻辑测试起动"菜单项后，会出现程序"PLC 写入"消息框（图 5.31），模拟程序写入 PLC 内的过程。

等待模拟写入 PLC 完成后，弹出一个标题为"LADDER LOGIC TEST TOOL"对话框，如图 5.32 所示。该对话框用来模拟 PLC 实物的运行界面。此外

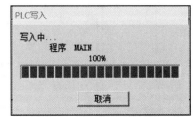

图 5.31　"PLC 写入"消息框

在 GX Developer 的右上角还会弹出一个标题为"监视状态"消息框（图 5.33），它显示的是仿真的时间单位和模拟 PLC 的运行状态。

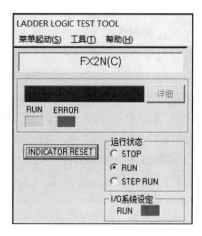

图 5.32 "LADDER LOGIC TEST TOOL"对话框

图 5.33 "监视状态"消息框

这时，在梯形图程序中，常闭触点都变成了蓝色，这是因为梯形图逻辑测试启动后，系统默认状态是 RUN，因此开始扫描和执行程序，并同时输出程序运行的结果。在仿真中，导通的元件都会变成蓝色。

图 5.34 中，由于 X0 处于断开状态，线圈没有通电，因此只有常闭触点 X1 为蓝色。如果选择 X0 并单击鼠标右键，在弹出右键菜单选项中选择"软元件测试"，弹出对话框如图 5.35 所示。单击对话框中的"强制 ON"按钮，程序开始运行使 X0 接通变为蓝色。观察仿真的整个运行过程，可以大致判断程序运行的流程、各元件直接的逻辑关系是否正确，控制过程是否符合要求。

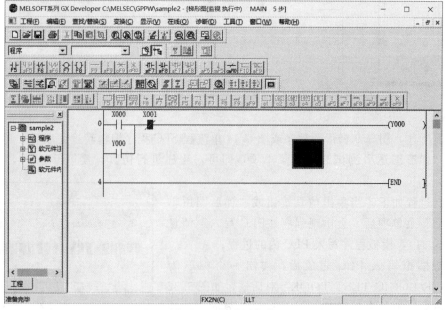

图 5.34 梯形图仿真

5.4 GX Developer 编程软件的仿真工具

如果仿真中元件状态变化太快，可以通过选择"LADDER LOGIC TEST TOOL"对话框界面上的"STEP RUN"，或依次单击主窗口中的"在线"→"调试"下的"步执行"来仿真。通过反复切换模拟 PLC 界面的"RUN""STOP"和"STEP RUN"状态，可以观察程序的运行效果。

如果单击"LADDER LOGIC TEST TOOL"对话框界面上的"菜单启动"→"继电器内存监视"菜单项，将出现"DEVICE MEMORY MONITOR"窗口，如图 5.36 所示。单击窗口中的"软元件"→"位软元件窗口"下的 X、Y、M 等元件，将出现包含所有这类元件的窗口，如图 5.37 所示。双击某个元件的地址编号，该编号会变为黄色，表示该元件接通，梯形图中该元件的触点会随之变化。如果要断开某个元

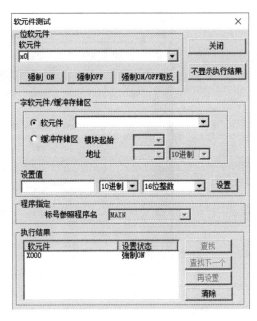

图 5.35 "软元件测试"对话框

件，同样在其地址编号处进行双击，黄色消失，变为灰色。当程序包含元件较多时，这种方法便于对多个元件进行操作改变。

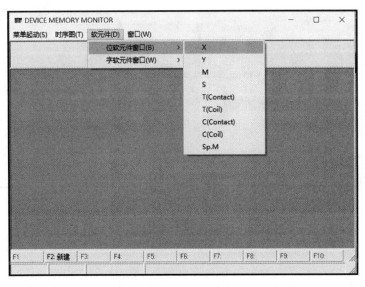

图 5.36 "DEVICE MEMORY MONITOR"窗口

如果希望结束程序的仿真，单击 GX Developer 主菜单中的"工具"，选择"梯形图逻辑测试结束"，即可退出仿真。注意，退出仿真后，系统处于"读出模式"，如果想要继续编辑修改程序，需要将其转为"写入模式"，如图 5.38 所示。

第 5 章　PLC 的编程工具

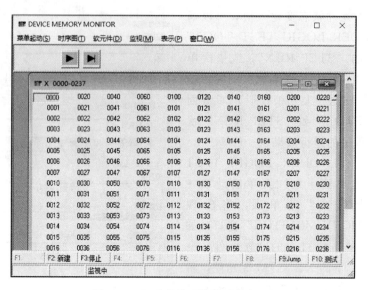

图 5.37　X 元件的"位软元件窗口"

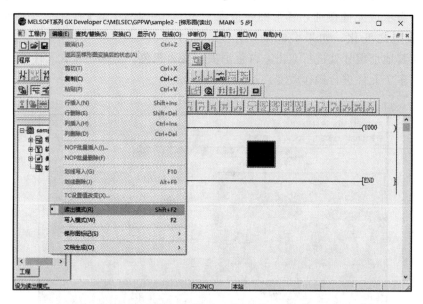

图 5.38　"读出模式"与"写入模式"的切换

第 6 章 PLC 梯形图编程

6.1 梯形图概述

梯形图（LAD，LadderLogic Programming Language），是 PLC 使用得最多的图形编程语言。梯形图模拟了传统继电器控制系统的顺序控制电路图，是在继电器控制系统的顺序图基础上简化了符号演变而来的。梯形图编程具有形象、直观、易懂、实用等特点，特别适用于开关量逻辑控制，很容易被熟悉继电器控制系统的电气技术人员掌握。顺序图到梯形图符号的演变见表 6.1。

表 6.1　　　　　　　　　　顺序图到梯形图符号的演变

顺 序 图		梯形图
常开触点	⊥⏌ ─/─	─┤├─
常闭触点	⊥⏌ ─/─	─┤/├─
线圈（继电器、定时器、计数器等）	─□─	─○─

注　线圈的标准符号为—○—，但在各厂家的编程软件中采用了不同的表示方法。三菱的 GX Developer 软件进行梯形图编程时采用了圆括号—( )—表示线圈。因此，本篇中出现的以圆括号表示线圈的梯形图即为 GX Developer 软件绘制。

梯形图由线圈、常开触点、常闭触点和各种功能块组成。触点代表逻辑输入条件，如外部的开关、按钮等；线圈通常代表逻辑输出结果，用来控制外部的指示灯、接触器等；功能块用来表示定时器、计数器或者数学运算附加指令等（图 6.1）。

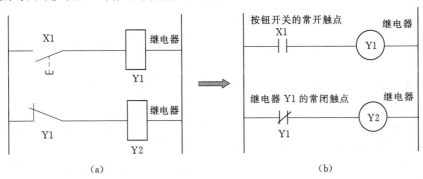

图 6.1　顺序图与梯形图
(a) 顺序图；(b) 梯形图

在 PLC 梯形图中，左、右母线类似于继电器与接触器控制电源线，输出线圈类似于负载，输入触点类似于控制条件。

PLC 梯形图中的编程元素沿用了继电器这一名称，如输入继电器、输出继电器、内部辅助继电器等。这些编程元素虽然都有线圈和触点，但是它们不是真实的物理继电器，而是一些存储单元（软元件）。每一个软元件与 PLC 存储器模块中的映像寄存器的一个存储单元相对应。该存储单元如果为"1"状态，则表示梯形图中对应软元件的线圈"通电"，逻辑判断的结果是其常开触点接通、常闭触点断开，这种状态称为该软元件的"1"或"ON"状态；如果该存储单元为"0"状态，则表示梯形图中对应软元件的线圈"断电"，逻辑判断的结果是其常开触点断开、常闭触点接通，称该软元件为"0"或"OFF"状态。

以下将以三菱 FX2N 为例，介绍 PLC 梯形图编程时需要遵循的规则。有一点需要说明的是，虽然以三菱 PLC 为例，但这些规则在其他 PLC 编程时也同样需要遵守。

6.2 梯形图编程规则

(1) 逻辑行编程顺序（图 6.2）：从上到下，从左到右。

1) 梯形图由若干逻辑行（梯级）构成，自上而下排列。
2) 每个逻辑行的左边是触点的组合，构成支路，表示驱动逻辑线圈的条件。
3) 表示逻辑运算结果的线圈只能接在右母线上。
4) 触点不能出现在线圈右边，不能在线圈与右母线之间接其他元件。
5) 每个梯级起于左母线，经过触点与线圈（或功能块），止于右母线。
6) 右母线通常可以省略不画，仅画出左母线。
7) 与右边线圈（或功能块）相连的全部支路组成一个逻辑行。

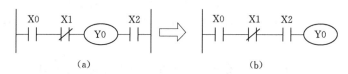

图 6.2 梯形图逻辑行编程顺序应用示例
(a) 错误的程序；(b) 正确的程序

(2) 程序的执行顺序（图 6.3）：从上到下，从左到右。

1) 串联的支路从左到右执行。如图 6.3 (a) 所示，扫描顺序：X001→X002→X003→Y004。
2) 有并联连接（汇合点）时先从上边执行。如图 6.3 (b) 所示，扫描顺序：X001→X002→X003→X004→Y005。
3) 当向右方有分流时（分支点），先执行上方的行，再执行下方的行。如图 6.3 (c) 所示，扫描顺序：X001→X002→Y003→X004→Y005。
4) 注意分支结构中既有汇合点又有分支点时的组合顺序。如图 6.3 (d) 所示，扫描顺序：X001→X002→X003→Y004→X005→Y006。

6.2 梯形图编程规则

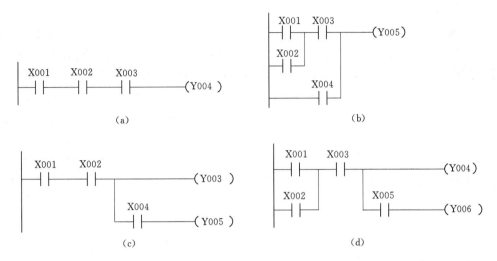

图 6.3 程序执行顺序
(a) 例1；(b) 例2；(c) 例3；(d) 例4

(3) 输入/输出继电器、内部继电器、定时器、计数器等器件的触点可多次重复使用。

(4) 除步进程序外，任何元件的线圈、高级指令、功能块等不能直接与左母线相连（图 6.4）。

图 6.4 线圈不能直接与母线相连
(a) 错误的程序；(b) 正确的程序

(5) 两个或两个以上线圈可并联输出，但不可串联输出（图 6.5）。

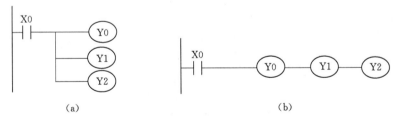

图 6.5 线圈可并联输出但不可串联输出
(a) 正确的程序；(b) 错误的程序

(6) 一般不允许重复输出。同一编号的元件线圈在一个程序中使用两次以上称为重复输出或双线圈输出。重复输出容易引起误操作，故一般不允许重复输出。

双线圈输出是一般梯形图初学者容易犯的错误之一。在双线圈输出时，只有最后一次输出的线圈才有效，而前面（梯形图上方）输出的线圈是无效的。这是由 PLC 的扫描特性所决定的。

根据第4章所述，PLC扫描程序的过程为：输入采样→程序执行→输出刷新。如图 6.6 所示，设输入采样时，输入映像寄存区中 X001=ON，X002=ON，X003=OFF。由于 X001=ON，X002=ON，则逻辑判断 Y001=ON，Y002=ON。按照扫描执行的顺序，Y001=ON，Y002=ON 被写入输出映像寄存区。但 X003=OFF，最后逻辑判断的结果使 Y001=OFF，这个最后的结果又被写入输出映像寄存区，改变了原 Y001 的状态。所以在输出刷新阶段，实际外部输出 Y001=OFF，Y002=ON。

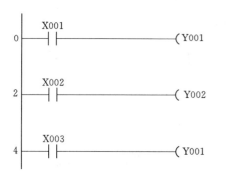

图 6.6 双线圈输出

上述程序在观察外接设备的控制结果时，就会出现这样的问题：为什么 X001 已经闭合了，而 Y001 最终没有输出呢？逻辑关系不对，其实就是由于程序是按照从上到下顺序执行的缘故。在这种执行顺序下使用了双线圈输出，造成了 Y001 的输出混乱。

注意：这里所说的是不宜（最好不要）使用双线圈输出。使用双线圈输出并不是绝对禁止的，在一些特殊的情况下也可以使用双线圈。例如在使用了跳转指令的梯形图、或者在步进梯形图的不同状态（步）中，就可以重复使用同一个元件的线圈。也就是说，如果我们可以改变程序执行的顺序，保证在任何时刻两个线圈只有一个驱动逻辑发生，就可以使用双线圈。

（7）程序应为左大右小，上大下小。几个并联回路块进行串联时，应将并联触点多的支路放在梯形图左方（左大右小原则）。图 6.7（a）比图 6.7（b）的程序多出一条 ANB 指令。

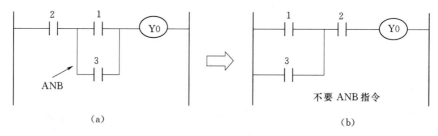

图 6.7 左大右小原则
(a) 左小右大的程序；(b) 左大右小的程序

几个串联回路块并联时，应将串联触点多的支路放在梯形图的上方（上大下小原则）。图 6.8（a）比图 6.8（b）的程序多出一条 ORB 指令。

按照左大右小，上大下小的原则编程，程序简洁，可减少指令的扫描和执行逻辑运算的时间，对于一些大型、复杂的程序优势更明显。

（8）一个触点不允许有双向电流通过，因此触点应画在水平支路上，不能画在垂直支路上，不允许出现桥式电路（图 6.9）。

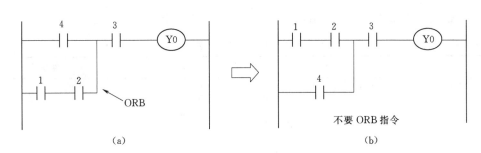

图 6.8 上大下小原则
(a) 上小下大的程序；(b) 上大下小的程序

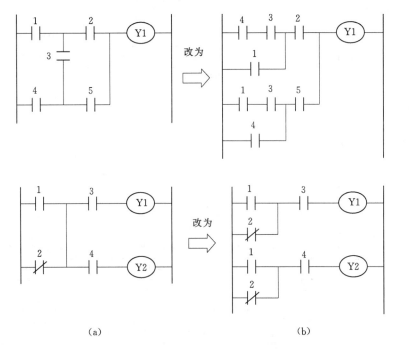

图 6.9 触点不允许有双向电流通过
(a) 错误的程序；(b) 正确的程序

6.3 PLC 编程软元件概述

PLC 在软件设计中需要各种各样的逻辑器件和运算器件，称为编程元件。它们用来完成程序所赋予的逻辑运算、算术运算、定时、计数等功能。为便于区别实际的物理器件，称 PLC 的编程元件为软元件。

PLC 的编程软元件实质上是存储器单元，每个单元都有唯一的地址。为了满足不同的功能和用途，存储器单元作了分区，因此也就有了不同类型的编程软元件。每种软元件根据其功能有一个专用名称，并用相应的字母表示。如三菱 FX2N PLC 的输入继电器 X、输出继电器 Y、定时器 T、计数器 C、辅助继电器 M、状态寄存器 S、数据寄存器 D 等。

使用时，认为每个编程软元件具有线圈、常开触点和常闭触点（表6.2）。

表6.2　　　　　　　　　　FX2N 系列 PLC 编程软元件一览表

元件类型		性能规格	元件编号
输入继电器（X）	DC 输入	24V DC，7mA，光电隔离	X000～X267（8 进制编号）
输出继电器（Y）	继电器（MR）	AC250V，DC30V，2A/1 点，（电阻负载）	Y000～Y267（8 进制编号）
	双向可控硅（MS）	AC85～242V，0.3A/点，0.8A/4 点（电阻负载）	
	晶体管（MT）	DC5～30V，0.5A/点，0.8A/4 点，1.6A/8 点（电阻负载）	
辅助继电器（M）	一般用		M0～M499（500 点）
	保持用	电池后备区	M500～M1023（524 点）
	保持用	电池后备固定区	M1024～M3071（2048 点）
	特殊用		M8000～M8255（256 点）
状态寄存器（S）	初始化用		S0～S9（10 点）
	一般用		S10～S499（490 点）
	保持用	电池后备	S500～S899（400 点）
	报警用	电池后备	S900～S999（100 点）
定时器（T）	100ms	0.1～3276.7s	T0～T199（200 点）
	10ms	0.01～327.67s	T200～T245（46 点）
	1ms（积算）	0.001～32.767s（保持）	T246～T249（4 点）
	100ms（积算）	0.1～3276.7s（保持）	T250～T255（6 点）
计数器（C）	加计数器	16 位，0～32767，一般用	C0～C99（100 点）
		16 位，0～32767，电池后备	C100～C199（100 点）
	加/减计数器	32 位，-2147483648～2147483647，一般用	C200～C219（20 点）
		32 位，-2147483648～2147483647，电池后备	C220～C234（15 点）
	高速计数器	32 位加/减计数，电池后备	C235～C255（6 点）
数据寄存器（D）	通用	16 位，一般用	D0～D199（200 点）
		16 位，电池后备	D200～D511（312 点）
	文件寄存器	16 位，电池后备	D512～D7999（7488 点）
	特殊用途	16 位，电池后备	D8000～D8195（106 点）
	变址	16 位，电池后备	V0～V7，Z0～Z7（16 点）

此外，三菱 FX2N 系列 PLC 使用符号 K、H 表示常数。

K 是表示十进制整数的符号，主要用来指定定时器或计数器的设定值，以及应用功能指令操作数中的数值。K 实际上是存储器的一个 16 位/32 位二进制数单元，其最高位表示数的正、负。因此 K 能表示的十进制常数的范围为-32768～+32767（16 位单元）、或-2147483648～+2147483647（32 位单元）。

6.4 输入继电器和输出继电器的应用

H是表示十六进制常数的符号,主要用来表示应用功能指令的操作数值。H实际上也是存储器的一个16位/32位二进制数单元,因此H能表示的16位十六进制常数的范围为0~FFFFH,32位十六进制常数的范围为0~FFFFFFFFH。

6.4 输入继电器和输出继电器的应用

输入继电器(X)与PLC输入端子相连,它是专门用来接受PLC外部开关信号的元件。FX系列PLC的输入继电器以八进制进行编号,FX2N输入继电器的编号范围为X000~X267。输入继电器用于表示一个任务的条件和要求,通常一个输入继电器对应一个条件,各个输入继电器之间相互独立。注意:输入继电器只能由外部信号驱动,不能由内部指令驱动。也就是说,梯形图中不会出现输入继电器的线圈。

输出继电器(Y)是用来将PLC内部程序运算结果输出给外部负载(用户输出设备)。FX2N输出继电器的编号范围为Y000~Y267,以八进制进行编号。输出继电器的线圈表示程序运算的结果,其常开、常闭触点可用作其他元件的工作条件。注意:输出继电器的线圈不能由外部信号直接驱动,只能由程序内部指令驱动。因此其线圈不能直接与梯形图左母线连接。

【案例1】 PLC控制三相电动机正反转运行

1. 系统功能描述

图6.10为三相电动机正反转运行控制顺序图。启动时,合上QS,接通三相电源。按下正转启动按钮SB1,电动机正转启动。需要反转时,先按下停机按钮SB3,电动机从正转改为停机。然后按下反转启动按钮SB2,电动机反转启动。正反转控制有互锁功能,防止KM1和KM2同时接通造成电源短路。

2. I/O分配表

三相电动机正反转控制系统I/O见表6.3。

表6.3　　　　　　　　　三相电动机正反转控制系统I/O

输入			输出		
输入继电器	输入元件	作用	输出继电器	输出元件	作用
X000	SB3	停机按钮	Y000	KM1	正转交流接触器
X001	SB1	正转启动按钮	Y001	KM2	反转交流接触器
X002	SB2	反转启动按钮			

3. 梯形图

PLC控制电动机正反转梯形图如图6.11所示。

4. PLC外部硬件接线原理图

PLC外部硬件接线原理如图6.12所示。

第 6 章 PLC 梯形图编程

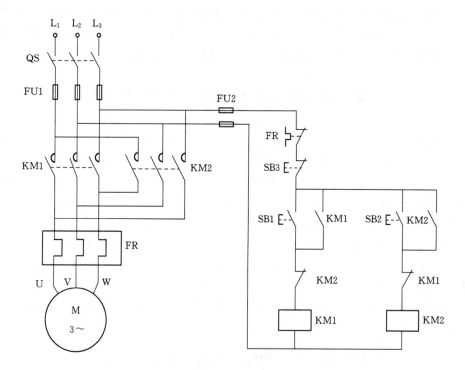

图 6.10 三相电动机正反转控制顺序图

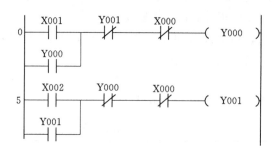

图 6.11 PLC 控制电动机正反转梯形图

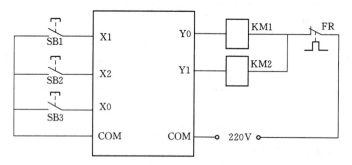

图 6.12 PLC 外部硬件接线原理

思 考 与 训 练

1. 用 GX Developer 软件编写图 6.11 中的梯形图,并进行仿真测试。观察程序中的"启-保-停"功能及互锁功能是否符合系统控制要求。

2. 请根据仿真结果判断,图 6.11 中梯形图的自保持功能是复位(停止)优先还是置位(启动)优先。

3. 请根据仿真结果判断,图 6.11 中梯形图的互锁功能是先动优先还是新输入优先。

4. 请设计一个梯形图,其控制的结果为:按下正转启动按钮 SB1,电动机正转启动;然后按下反转启动按钮 SB2,电动机切换到反转。正反转的转换不需要经过停机按钮 SB3。

6.5 辅助继电器的应用

辅助继电器（M）是 PLC 中数量最多的一种编程软元件。辅助继电器 M 相当于继电器线路中的中间继电器。这种编程元件有无限对常开、常闭触头供编程用,但其线圈只能由程序驱动,也不能直接驱动外部负载。根据具体用法,辅助继电器 M 被分为通用辅助继电器、掉电保持辅助继电器和特殊辅助继电器。FX2N 的辅助继电器 M 采用十进制地址编码。在 FX 系列的 PLC 中,只有输入继电器 X 和输出继电器 Y 才用八进制数地址编码。

6.5.1 通用辅助继电器（M0～M499）

FX2N 系列共有 500 点通用辅助继电器。其主要用途是对信号进行传递和放大、实现多路同时控制。通用辅助继电器默认是掉电不保持的,即当 PLC 断电时,通用辅助继电器的状态将复位（OFF）。根据需要,通用辅助继电器可由程序设定为掉电保持型。

通用辅助继电器常在逻辑运算中作为辅助运算、状态暂存、移位等。如图 6.13 所示的梯形图,当接通 X000 时,M0 线圈通电,输出 Y000 状态为 ON。此时突然 PLC 断电,则 M0 线圈复位、Y000 线圈复位。若 PLC 再接通电源,M0 仍然是 OFF 状态,则 Y000 同样是输出 OFF。

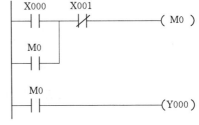

图 6.13 通用辅助继电器梯形图

6.5.2 掉电保持辅助继电器（M500～M3071）

FX2N 系列有 M500～M3071 共 2572 个断电保持辅助继电器。它与通用辅助继电器不同的是具有断电保持功能,即能记忆电源中断前元件线圈的状态,并在重新通电后再现其状态。掉电保持辅助继电器之所以能在电源断电时保持线圈原有的状态,是因为电源中断时,采用了 PLC 中的锂电池保持其映像寄存器中的内容。其中 M500～M1023 可由软件将其设定为通用辅助继电器（掉电不保持）。

如图 6.14 所示的梯形图,当接通 X000,M600 线圈通电,输出 Y000 状态为 ON。此时

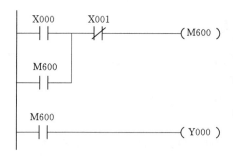

图 6.14 掉电保持辅助继电器梯形图

突然 PLC 断电,则 Y000 线圈复位。但由于采用了锂电池作为后备电源,此时 M600 线圈仍然能够保持断电前的 ON 状态。当 PLC 再接通电源,M600 保持的 ON 状态可以使 Y000 自动输出为 ON。

6.5.3 特殊辅助继电器（M8000～M8255）

PLC 内有大量的特殊辅助继电器,它们都有各自的特殊功能。FX2N 系列中有 256 个特殊辅助继电器,可分成触点型和线圈型两大类。

1. 触点型

触点型特殊辅助继电器的线圈由 PLC 自动驱动,编程时只能使用其触点,即在梯形图程序中不能出现它们的线圈。如下：

（1）M8000——运行监视,PLC 运行时接通。

（2）M8002——初始化脉冲,仅在运行开始瞬间接通。用于计数器、移位寄存器等的初始化（复位）。M8003 与 M8002 逻辑相反。

（3）M8011、M8012、M8013 和 M8014——产生 10ms、100ms、1s 和 1min 时钟脉冲的特殊辅助继电器。

M8000、M8002、M8012 脉冲波形图如图 6.15 所示。

2. 线圈型

线圈型特殊辅助继电器的线圈由用户程序驱动后,PLC 作特定动作。用户程序中不能使用它们的触点。如下：

（1）M8030——使 BATT LED（锂电池欠压指示灯）熄灭。

（2）M8033——PLC 停止时,输出保持。

（3）M8034——禁止全部输出。M8034 接通时,所有输出继电器 Y 的输出自动断开。

（4）M8039——定时扫描。

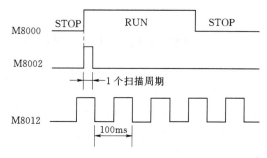

图 6.15 M8000、M8002、M8012 脉冲波形图

【案例 2】 照明灯的自动接通控制

1. 系统功能描述

现有一照明灯,工作人员将其打开后,在照明灯工作期间,若遇到临时停电,要求其控制电路能保证照明灯在停电后再来电时,能自行恢复照亮,而无须工作人员的操作。

2. I/O 分配表

开灯和关灯是本案例的两个条件,分别用输入继电器 X0、X1 表示。本案例只有 1 个控制对象即照明灯,用输出继电器 Y0 表示,两者中间用"任务 1"中确定的辅助继电器 M500 联系起来。本案例选择具有掉电保持功能的辅助继电器,以解决照明灯自行保持照亮的问题（表 6.4）。

表 6.4　照明灯的自动接通控制系统 I/O 分配表

输入			输出		
输入继电器	输入元件	作用	输出继电器	输出元件	作用
X000	SB3	启动按钮	Y000	KM	灯控制接触器
X001	SB1	停止按钮			

3. 梯形图

照明灯的自动接通控制梯形图如图 6.16 所示。

4. PLC 外部硬件接线原理

实现本案例共需要输入元件 2 个，输出元件 1 个，而辅助继电器 M500 由 PLC 机器内部提供，在接线图上不作安排。2 个输入元件由 2 个按钮控制，输出元件用来驱动接触器 KM，再由 KM 的通、断控制照明灯的亮、灭（图 6.17）。

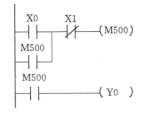
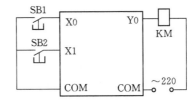

图 6.16　照明灯的自动接通控制梯形图　　图 6.17　PLC 外部硬件接线原理

思 考 与 训 练

1. 使用 GX Developer 软件编写图 6.13 梯形图，并进行仿真测试。仿真时模拟 X0 接通一会然后断开，在此过程中观察 M000、Y000 线圈通/断电的变化情况。

2. 使用 GX Developer 软件编写图 6.14 梯形图，并进行仿真测试。仿真时模拟 X0 接通一会然后断开，在此过程中观察 M600、Y000 线圈通/断电的变化情况。

3. 使用 GX Developer 软件编写图 6.18 梯形图，并进行仿真测试。仿真时观察 Y0 和 Y1 线圈通电/断电的变化情况。

4. 将图 6.18 梯形图中的 M8013 改为 M8011、M8012 和 M8014，并进行仿真。观察 Y1 线圈在这几种频率不同的继电器控制下通/断电的变化情况。

5. 请设计一个四路抢答器的梯形图。系统用四个按钮控制输入，每组有一个抢答成功指示灯。要求梯形图能实现基本的抢答功能，抢答成功后指示灯保持点亮直至复位按钮将其熄灭。要求：

(1) 画出 I/O 分配表。

(2) 设计出梯形图。

(3) 在 GX Developer 软件中进行仿真测试验证其功能是否符合要求。

图 6.18　特殊辅助继电器仿真

6.6 定时器的应用

定时器（T）相当于通电延时型时间继电器，在梯形图中起时间控制作用。FX2N系列PLC给用户提供了256个定时器，其编号为T0～T255。

每个定时器有一个设定值寄存器（16位）、一个当前值寄存器（16位）和一个用来存储其线圈状态的映像寄存器（一个二进制位），这三个部分使用同一地址编号。

设定值寄存器先存入预先设计好的设定值。程序执行时，从定时器的线圈通电（ON）瞬间开始，根据时钟脉冲累积计时，计时结果存放于当前值寄存器。当所计时间达到设定时间时（此时设定值寄存器的值等于当前值寄存器的值），定时器的触点动作，常开触点闭合，常闭触点断开，如图6.19所示。

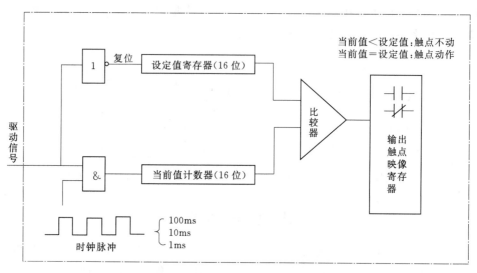

图6.19 定时器的工作原理图解

三菱FX2N的定时器按时钟脉冲分有1ms、10ms、100ms三种；按照功能特性还可分为通用定时器、积算定时器两种。

定时器设定值的设定方法有两种：
（1）直接设定，利用常数K（十进制）、H（十六进制）设定。
（2）间接设定，利用数据寄存器（D）设定。

注意：此设定值表示的是脉冲个数。如K300表示的是300个时钟脉冲。

6.6.1 通用定时器（T0～T245）

通用定时器的特点是不具备断电保持的功能，即当输入电路断开或停电时定时器复位。通用定时器有100ms和10ms两种计数脉冲。

（1）100ms通用定时器（T0～T199），共200点，其中T192～T199为子程序和中断服务程序专用定时器。这类定时器是对100ms时钟累积计数，设定值为1～32767，所以其定时范围为0.1～3276.7s。

(2) 10ms 通用定时器（T200～T245），共 46 点。这类定时器是对 10ms 时钟累积计数，设定值为 1～32767，所以其定时范围为 0.01～327.67s。

【例 1】

图 6.20 的例子中，T0 是 100ms 的定时器，其设定值 K300 指的是 300 个周期为 100ms（0.1s）的脉冲。300×0.1＝30s，因此设定的时间延时为 30s。X000 接通时，T0 的线圈通电并开始计时，T0 的当前值计数器对 100ms 的时钟脉冲累积计数，计数结果存入当前值寄存器。当该值与设定值 K300 相等时，定时器的输出触点动作，即输出触点是在驱动线圈后的 30s 时动作。当 X000 断开时，T0 的当前值不保持，X000 再接通时重新计数。

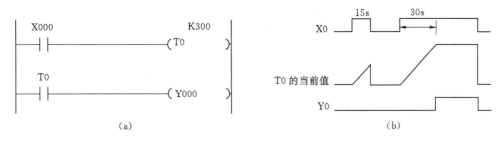

图 6.20 通用定时器控制延时输出
(a) 梯形图；(b) 时序图

X000 断开或 PLC 发生停电时，计数器复位：即线圈断电（OFF）；当前值寄存器复位（数据消除）；输出触点也复位。可见，这种定时器属于"非积算"定时器，计数值不能累计。

6.6.2 积算定时器（T246～T255）

积算定时器的特点是具备断电保持的功能。当输入电路断开或 PLC 停电时，采用 PLC 中的锂电池保持其电源中断前当前值寄存器已经记录的当前值。在其线圈重新通电后，计数不会重新开始，而是在原有数值的基础上继续计数，即具有累计功能。因为这个功能特点，输入电路断开或 PLC 停电都不能使积算定时器复位，所以积算定时器复位的方法是使用复位指令"RST"。

积算定时器有 100ms 和 1ms 两种计数脉冲：

(1) 1ms 积算定时器（T246～T249），共 4 点。定时范围 0.001～32.767s。

(2) 100ms 积算定时器（T250～T255），共 6 点。定时范围 0.1～3276.7s。

【例 2】

图 6.21 的例子中，T250 是 100ms 的积算定时器，其设定值 K600 指的是 600 个周期为 100ms（0.1s）的脉冲。600×0.1＝60s，因此设定的时间延时为 60s。X000 接通时，T250 的线圈通电并开始计时，T250 的当前值计数器对 100ms 的时钟脉冲累积计数，计数结果存入当前值寄存器。根据图 6.21（b）的时序图，X0 第一次接通的时间 t_1＝20s，记录当前值为 200 个脉冲，不等于设定值 600，因此定时器触点不动作，Y0 输出 OFF。X0 第一次断开时，当前值保持为 200 不变。X0 第二次接通的时间到达 t_1＝40s，使当前

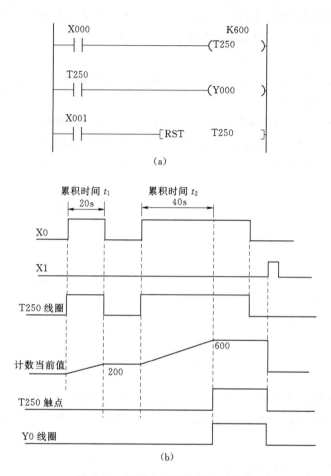

图 6.21 积算定时器控制延时输出
(a) 梯形图；(b) 时序图

值为 20+40=60s，当前值为 600，与设定值 K600 相等，定时器的输出触点动作。当 X1 接通时，执行复位指令 RST 复位 T250。

【案例 3】 两台电动机顺序启动逆序停机控制

1. 系统功能描述

该控制系统的控制对象是两台电动机。当按下启动按钮时，电动机 M1 先启动，M1 启动后过 5s M2 启动。当按下停机按钮时，M2 先停机，M2 停机后过 10s M1 停机。这就是 M1、M2 的顺序启动逆序停机控制（图 6.22）。为应对紧急情况，设计一个紧急停机功能，当按下紧急停机按钮时，所有电动机立即停机。根据系统控制的时序图（图 6.23），可清楚地了解系统控制功能的细节。

2. I/O 分配表

系统输入设备为三个控制按钮 SB1、SB2、SB3，输出为两台电动机的运行主电路交流接触器 KM1 和 KM2。根据需要选择 X 和 Y 元件，列出 I/O 分配表（表 6.5）。

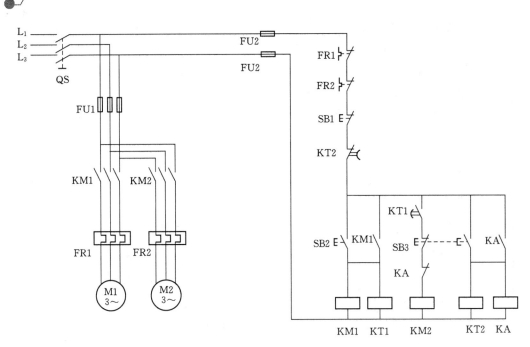

图 6.22 两台电动机顺序启动逆序停止控制顺序图

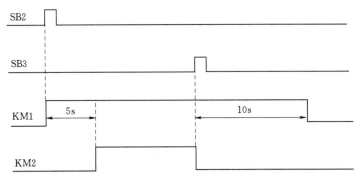

图 6.23 两台电动机顺序启动逆序停止控制时序图

表 6.5　　　　　　　两台电动机顺序启动逆序停止控制系统 I/O 表

输入			输出		
输入继电器	输入元件	作用	输出继电器	输出元件	作用
X000	SB1	紧急停止按钮	Y001	KM1	电动机 M1 运行用交流接触器
X001	SB2	启动按钮	Y002	KM2	电动机 M2 运行用交流接触器
X002	SB3	停止按钮			

3. 梯形图

为了实现系统的延时控制，选择了两个定时器 T0 和 T1。因为该系统的延时不要求有时间累计功能，因此选择的是通用定时器。编写程序时注意定时器的复位问题（图 6.24）。

4. PLC 外部硬件接线原理图

PLC 外部硬件接线原理如图 6.25 所示。

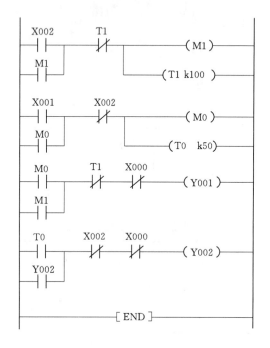

图 6.24 两台电动机顺序启动逆序停止控制梯形图

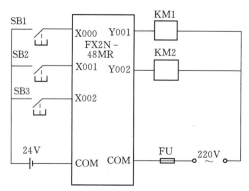

图 6.25 PLC 外部硬件接线原理图

思 考 与 训 练

1. 通用定时器和积算定时器分别采用什么方法复位？
2. 使用 GX Developer 软件编写例 1 图 6.20（a）梯形图，并进行仿真测试。
   （1）仿真时观察按下 X0 后多久 Y0 线圈接通。
   （2）仿真过程中观察 T0 当前值的变化（包括其复位）。
3. 使用 GX Developer 软件编写例 2 图 6.21（a）梯形图，并进行仿真测试。
   （1）仿真时模拟先将 X0 接通 30s 后断开 X0，观察 Y0 线圈能否接通。
   （2）X0 接通 30s 又断开后，再按下 X0 多长时间 Y0 线圈才能接通。
   （3）仿真过程中观察 T0 当前值的变化（包括其复位）。
4. 请设计一个灯光控制系统，当接通启动按钮，被控制的一盏灯 HL 将产生亮 3s、灭 2s 的闪烁效果。要求：
   （1）画出系统控制时序图。
   （2）写出 I/O 分配表。
   （3）设计出梯形图。
   （4）在 GX Developer 软件中进行仿真测试验证其功能是否符合要求。

6.7 计数器的应用

计数器用符号 C 表示。FX2N 系列 PLC 共有计数器 256 个，采用十进制编号，为 C0～C255。根据它们计数方式和工作特点分为两类：内部信号计数器和高速计数器。

内部信号计数器（C0～C234）是 PLC 在执行扫描操作时，对内部编程器件如 X、Y、M、S、T 的通断状态进行计数的计数器。为保证计数器计数的准确性，要求编程器件触点的接通与断开时间应比 PLC 的扫描周期长，属于低速计数器。内部信号计数器有 16 位增计数器和 32 位增/减双向计数器，两类计数器都有通用型和断电保持型两种类型。

高速计数器简称 HSC。FX2N 系列 PLC 内部的高速计数器器件编号为 C235～C255，共 21 点，共享 X0～X5 这 6 个输入端。X0～X5 称为高速计数器信号输入端，每一个端子只能作为一个高速计数器的输入，如果这 6 个输入端中的一个已被某个高速计数器占用，它就不能再用于其他高速计数器，也即 PLC 最多只能有 6 个高速计数器同时工作。高速计数器又称中断计数器，可进行 kHz 频率的计数，计数信号来自于 PLC 的外部。它的计数频率不受扫描周期的影响，但最高计数频率受输入响应速度和全部高速计数器处理速度的限制。

以下主要介绍普通内部信号计数器。

内部信号计数器（C0～C234），每个计数器有一个设定值寄存器、一个当前值寄存器和一个用来存储其线圈状态的映像寄存器（一个二进制位），这三个部分使用同一地址编号。

设定值寄存器先存入预先设计好的设定值。程序执行时，从计数器的线圈通电（ON）瞬间开始，对内部编程器件如 X、Y、M、S、T 的通断状态进行计数，计数结果存放于当前值寄存器。当设定值寄存器的值等于当前值寄存器的值，计数器的触点动作，常开触点闭合，常闭触点断开。

与定时器相似，计数器设定值的设定方法有两种：

(1) 直接设定，利用常数 K（十进制）、H（十六进制）设定。

注意：此时设定值表示的是脉冲个数。

(2) 间接设定，利用数据寄存器（D）设定

注意：计数器的设定值实际是表示计数器线圈通断电的次数。计数器 C 的线圈每通断电一次，计数器当前值加 1/减 1。而计数器线圈的通断电由 PLC 其他编程元件（X、Y、M、S、T 等）控制，因此达到了对这些元件通断状态进行计数的效果。

为实现计数器的这种工作方式，当外电源正常时，其当前值寄存器具有记忆功能。即当计数器线圈通过程序控制从 ON 变为 OFF 时，当前值寄存器保持数据不变。因此，无论是通用型或断电保持型计数器 C，其复位必须用 RST 指令实现。

通用型计数器和断电保持型计数器的区别：当外电源断电时，通用型计数器的当前值寄存器复位不保持；断电保持型计数器的当前值寄存器利用锂电池保持当前值数据不变。

6.7.1 16位增计数器（C0～C199）

每一个16位增计数器占用一位映像寄存器来存储其线圈状态、一个设定值寄存器（16位）、一个当前值寄存器（16位）。其设定值范围为1～32767，即设定值只能设正数值。16位增计数器的计数方向为增（加）计数。其中：

（1）通用型，C0～C99，共100点，无断电保持功能。即PLC断电后重新开始计数。

（2）断电保持型，C100～C199，共100点，具有断电保持功能。即使外电源断电，计数器的当前值与输出触点的状态仍能保持，待通电后继续计数。

【例1】

图6.26（a）的梯形图中，X1为计数输入，每次X1接通，计数器当前值增加1。当计数输入达到第10次时，计数器C0的输出触点动作，Y0线圈接通输出为ON。之后，即使X1再接通，计数器当前值都保持不变。当复位输入X0接通（ON）时，执行RST指令，计数器当前值复位为0，输出触点动作状态变为OFF，使Y0断开。

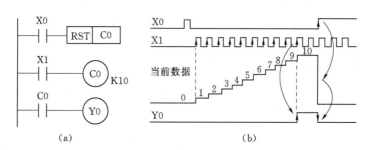

图6.26　16位增计数器的用法
(a) 梯形图；(b) 时序图

6.7.2 32位双向（增/减）计数器（C200～C234）

每一个32位双向计数器占用一位映像寄存器来存储其线圈状态、一个32位设定值寄存器、一个32位当前值寄存器。设定值范围为－2147483648～＋2147483647，即设定值可设正数或负数值。采用数据寄存器D元件进行间接设定计数值时，要用元件号紧连在一起的两个数据寄存器。

32位双向计数器的计数有两个方向：增（加）计数或减计数。其计数方向由特殊辅助继电器M8200～M8234设定。例如：C200的计数方向由M8200设定、C213的计数方向由M8213设定。这些特殊辅助继电器置1（ON）时，对应的计数器为减计数；置0（OFF）时，对应的计数器为增计数。

32位双向计数器分类：

（1）通用型，C200～C219，共20点；无断电保持功能。

（2）断电保持型，C220～C234，共15点；具有断电保持功能。当外电源断电，计数器的当前值与输出触点的状态仍能保持，待通电后继续计数。

【例2】

图6.27（a）的梯形图中，X012控制计数方向：当X12断开时，M8200置0，为增计数；X12接通时，M8200置1，为减计数。X014作为计数输入端，驱动计数器C200线圈进行加计数或减计数。当计数器C200的当前值由[−5]→[−4]增加时，其触点接通（置1），输出继电器Y1接通；由[−3]→[−4]减少时，其触点断开（置0），输出继电器Y1断开。当复位输入信号X13接通（ON）时，计数器当前值复位到0，输出触点也复位。

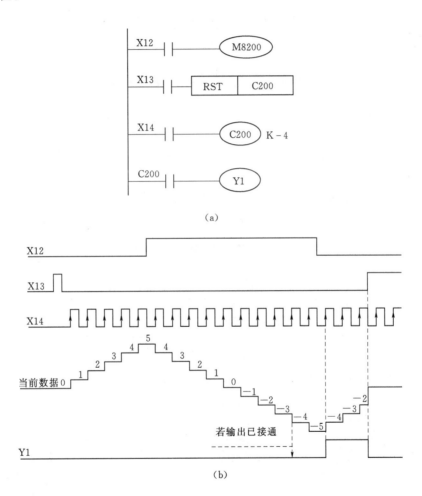

图 6.27 32位双向计数器的用法
(a) 梯形图；(b) 时序图

6.7.3 总结：计数器的动作特点

16位计数器和32位计数器的动作特点见表6.6。可按照计数方向的切换与计数范围的使用条件来分开使用。

表6.6　计数器的动作特点

项　目	16位计数器	32位计数器
计数方向	顺数	顺/倒数可切换使用
设定值	1～32767	－2147483648～＋2147483647
指定的设定值	常数K或数据寄存器	常数K或数据寄存器，但是要2个数据寄存器
当前值的变化	顺数到达设定值后不变化	顺数到达设定值后继续变化（循环计数器）
输出触点	顺数到达设定值后触点动作并保持动作	顺数到达设定值后触点动作并保持动作，倒数到达设定值后触点复位
复位动作	执行RST命令时，计数器的当前值复位为零，线圈和输出触点复位	
当前值寄存器	16位	32位

【案例4】　仓库货物的数量统计

1. 系统功能描述

一小型仓库，需要对每天存放进来的货物进行统计：当货物数量达到100件时，仓库监控室的绿灯亮；当货物数量达到200件时，仓库监控室的红灯报警，以提醒管理员注意。

2. I/O分配表

本案例要求对货物进行计数，每进来一件货物，使对应的某一个控制元件的数值加"1"。在此，使用通用型的16位增计数器，可以实现本案例的要求（表6.7）。

表6.7　仓库货物数量统计系统I/O分配

输　入			输　出		
输入继电器	输入元件	作用	输出继电器	输出元件	作用
X000	传感器	检测入库货物	Y001	HL1	绿灯
X001	SB1	复位按钮	Y002	HL2	红灯

3. 梯形图

仓库货物数量统计系统梯形图设计如图6.28所示。

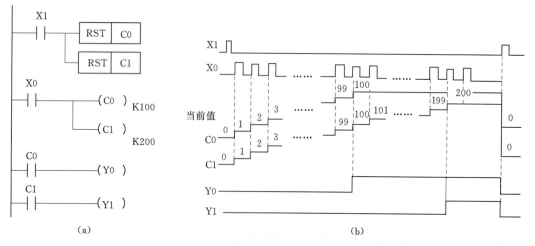

图6.28　仓库货物数量统计系统梯形图设计
（a）梯形图；（b）时序图

思 考 与 训 练

1. 通用计数器和断电保持计数器分别采用什么方法复位?
2. 使用 GX Developer 软件编写图 6.26（a）梯形图，并进行仿真测试。
（1）X1 接通多少次 Y0 才接通?
（2）Y0 接通后再继续通断 X1，C0 当前值有无变化?
（3）Y0 接通后，接通 X0 对 C0 进行复位，观察 C0 当前值变化。
3. 用 GX Developer 软件编写下列梯形图（图 6.29），并进行仿真测试。注意观察 C0 当前值如何变化。
（1）X000 接通后过多久 Y0 才接通?
（2）Y0 接通后 C0 的当前值有无变化?
（3）X000 断开后，C0 和 Y000 是否能复位?
（4）应该如何修改梯形图，使其能进行 C0 复位控制?

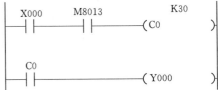

图 6.29 用脉冲辅助继电器控制计数器

6.8 编程软元件综合应用

6.8.1 闪烁电路（振荡电路）

闪烁电路（振荡电路）的作用是使控制的 Y 元件周期性地通、断，以使外部被控设备达到类似灯光闪烁的效果。常用于灯光装饰、舞台灯效、喷泉控制等。闪烁电路也可作为脉冲发生器，产生某种周期性脉冲供给程序其他部分电路使用。

1. 采用 M8011～M8014 实现的闪烁电路

如图 6.30，采用 M8011～M8014 产生的周期性脉冲使 Y1 达到闪烁的效果。M8011、M8012、M8013 和 M8014 分别可产生 10ms、100ms、1s 和 1min 时钟脉冲，因此这种闪烁电路只有这四种频率可选择。

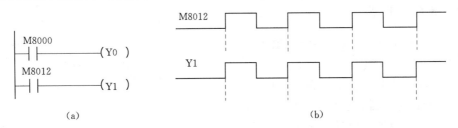

图 6.30 采用 M8011～M8014 实现的闪烁电路
（a）梯形图；（b）时序图

2. 采用定时器实现的闪烁电路

如图 6.31，利用 T1 定时器的常闭触点对 T0 定时器线圈进行复位，使 T0 在到达设定值后马上复位并重新开始计时。如此重复循环实现了闪烁输出。如果忽略不计 T1 常闭触点断开的一个扫描周期时间（约 10ms），根据图 6.31（b）的时序图可看出该程序的

Y0 闪烁频率为 2s (通 1s、断 1s)。如果需要改变 Y0 闪烁的频率或者通电、断电所占时间，只需要改变 T0、T1 元件的设定值即可。

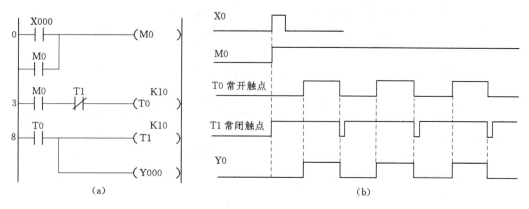

图 6.31 采用定时器实现的闪烁电路
(a) 梯形图；(b) 时序图

3. 采用 M8011~M8014 和 C 元件实现的闪烁电路

如图 6.32，利用 C1 计数器的常开触点对 C0 和 C1 进行复位控制，当 C 元件计数数达到设定值后马上复位并重新进行计数，如此重复循环实现了闪烁输出。如果忽略不计 C 元件复位所需的一个扫描周期时间（约 10ms），图 6.32 的程序可实现 Y0 闪烁频率为 2s (通 1s、断 1s)。如果需要改变 Y0 闪烁的频率或者通电、断电所占时间，只需要改变 C0、C1 元件的设定值、或改变所用的脉冲辅助继电器 M 即可。

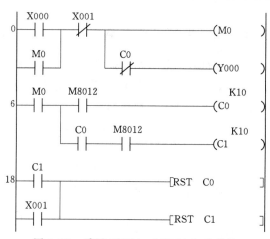

图 6.32 采用 M8011~M8014 和 C 元件实现的闪烁电路

6.8.2 长延时电路

FX2N 系列 PLC 的定时器设定值 K 的取值范围为 1~32767，分别有：

(1) 100ms 定时器，定时范围 0.1~3276.7s。
(2) 10ms 定时器，定时范围 0.01~327.67s。
(3) 1ms 定时器，定时范围 0.001~32.767s。

因此，FX2N 系列 PLC 的定时器最长定时时间为 3276.7s，不到 1 个小时。在实际的控制系统中，常常需要比这更长的定时控制，这时将用到长延时电路。长延时电路有多种实现方法，以下将介绍一些常用的程序结构。

1. 多个定时器组合

这种程序结构采用多个定时器串级使用来实现长时间延时。定时器串级使用时，总的定时时间为各定时器设定时间之和，为

$$T_\Sigma = T_1 + T_2 + \cdots$$

利用定时器的组合，可以实现大于 3276.7s 的定时控制。

【例 1】 延时 5000s 的程序

图 6.33（a）的梯形图中，当 X0 接通（即 T0 线圈通电）到达设定的 3000s，T0 常开触点闭合，T1 线圈开始通电。再过 2000s，即 T1 设定时间到达，T1 常开触点闭合，Y0 线圈通电输出 ON。过程如图 6.33（b）的时序图。从 X0 接通到 Y0 输出 ON，中间延时的总时间为 3000+2000=5000s。

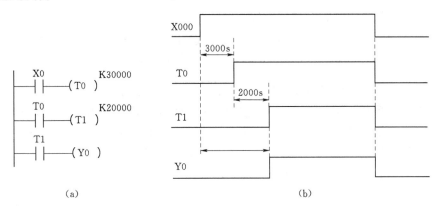

图 6.33 延时 5000s 的程序
(a) 梯形图；(b) 时序图

这种结构的长延时电路的缺点主要是：当进行更长时间的延时，所需的定时器较多，程序不够简洁。例如，当需要 20000s 延时时，需要至少 7 个定时器进行串级。

2. 定时器加计数器的组合

当需要进行几万秒甚至更长的定时，可采用定时器加计数器的组合来实现，称之为定时器与计数器级联组合。这种程序结构总的定时时间 T_Σ 为定时器设定时间 T 与计数器设定值 K_c 的乘积为

$$T_\Sigma = TK_c$$

【例 2】 定时器加计数器实现的延时 20000s 程序

根据图 6.34（b）的时序图，可知图 6.34（a）的程序中的 T0 常开触点每隔 100s 接通一个扫描周期（约 10ms），若将这 10ms 的时间当做误差处理忽略不计，T0 常开触点形成周期为 100s 的脉冲，C0 将对这个脉冲进行计数。当 C0 计数值到达 200，C0 的常开触点闭合，Y0 线圈通电输出为 ON。因此，该程序总的延时时间为

$$T_\Sigma = 200\text{s} \times 200 = 20000\text{s}$$

3. 扩充计数器的计数范围实现长延时控制

由上例可知，只要提供一个脉冲信号作为定时器的计数输入信号，计数器就可以实现定时功能。脉冲信号的周期 T 与计数器的设定值 K_c 相乘就是总定时时间 T_Σ 为

$$T_\Sigma = TK_c$$

脉冲信号的产生可采用 PLC 内部特殊辅助继电器 M8011～M8014，也可采用其他闪烁（振荡）电路，还可以由 PLC 外部时钟电路产生。

第6章 PLC梯形图编程

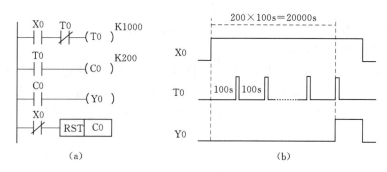

图 6.34 定时器加计数器实现的延时 20000s 程序
(a) 梯形图；(b) 时序图

【例3】 采用特殊辅助继电器 M 和计数器进行长延时控制

图 6.35 的程序中，M8012 产生周期为 0.1s 时钟脉冲信号。当 X15 闭合时，M8012 时钟脉冲加到 C0 的计数输入端。当 C0 累计到 18000 个脉冲时，计数器 C0 动作，Y5 线圈接通，Y5 的触点动作。从 X15 闭合到 Y5 动作的延时时间为 18000×0.1s＝1800s。

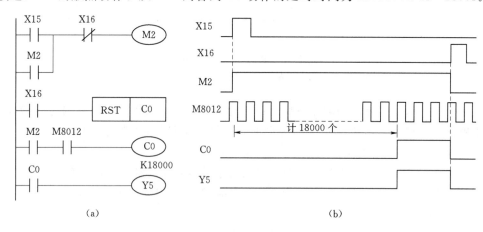

图 6.35 M8012 加计数器实现延时控制
(a) 梯形图；(b) 时序图

根据图 6.35（b）时序图可知，该延时控制有一个时钟周期的误差。这就是采用计数器进行定时控制存在的问题，延时时间存在误差。而且，这个误差大小取决于脉冲周期的长短。从总延时时间公式 $T_\Sigma = TK_c$ 来看，为了获得更长时间的延时，同时又能保证定时精度，可通过采用多个计数器组合、扩充计数器计数值范围来实现更长时间的延时。扩充计数器计数范围的方法有加法扩充法和乘法扩充法。假设由 n 个计数器进行组合扩充：

加法扩充法总计数值：$K_\Sigma = K_1 + K_2 + \cdots + K_n - (n-1)$

乘法扩充法总计数值：$K_\Sigma = K_1 \times K_2 \times \cdots \times K_n$

【例4】 计数器计数范围加法扩充法

图 6.36 的梯形图中，采用了两个 C 元件对 M8013 的脉冲进行计数。由图 6.36（b）时序图可知，从接通启动按钮到 C2 的常开触点闭合、输出 Y0 为 ON，之间总延时为 7 个

脉冲周期,即 C1 和 C2 串级使用的结果使程序总计数值为（3+5－1＝7）。之所以总计数值不是 3+5＝8,是因为 C1 计数的最后一个脉冲和 C2 计数的第一个脉冲重叠了。

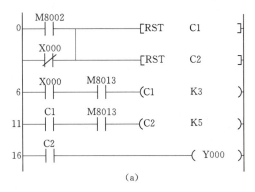

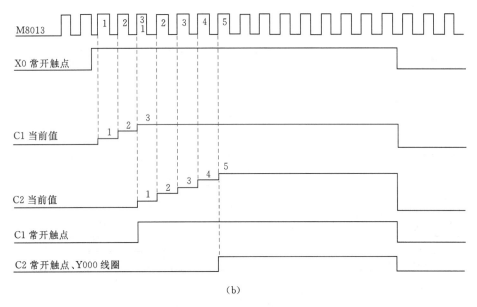

图 6.36 计数器计数范围加法扩充法
(a) 梯形图；(b) 时序图

对上例的分析进行推广,假设梯形图使用了 n 个计数器进行串级使用,加法扩充法的总计数值为

$$K_\Sigma = K_1 + K_2 + \cdots + K_n - (n-1)$$

【例 5】 计数器计数范围乘法扩充法

图 6.37 的梯形图中,采用了两个 C 元件实现计数范围乘法扩充。由图 6.37（b）时序图可知,接通启动按钮 X0 后,若忽略误差不计,C1 计数器的常开触点每三个 M8013 的脉冲接通、复位一次,由此形成的脉冲信号作为 C2 计数器的计数输入信号。当 C2 计数值达到设定值 4,则 C2 常开触点闭合使 Y0 线圈接通输出状态 ON。因此,从接通启动按钮 X0 到 Y0 线圈接通,期间总的计数值为 3×4＝12。

对上例的分析进行推广,假设梯形图使用了 n 个计数器进行组合使用,乘法扩充法

第6章 PLC梯形图编程

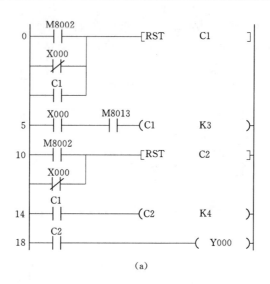

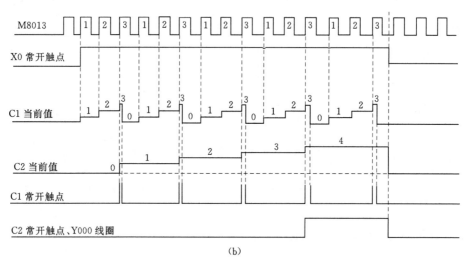

图 6.37 计数器计数范围乘法扩充法
(a) 梯形图；(b) 时序图

的总计数值为

$$K_\Sigma = K_1 \times K_2 \times \cdots \times K_n$$

思 考 与 训 练

1. 使用 GX Developer 软件编写图 6.38 梯形图，并进行仿真测试。观察：
(1) 从 X0（自保持开关）接通到 Y0 输出 ON，中间延时多长时间？
(2) T0、T1、Y0 如何复位？

2. 使用 GX Developer 软件编写图 6.39 梯形图，并进行仿真测试。观察：
(1) 从 X0（自保持开关）接通到 Y0 输出 ON，中间延时多长时间？（注意观察 T0、C0 如何复位）

6.8 编程软元件综合应用

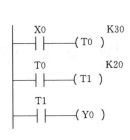

图 6.38 梯形图（1）

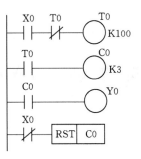

图 6.39 梯形图（2）

（2）Y0 如何复位？

3. 使用 GX Developer 软件编写图 6.40 梯形图，并进行仿真测试。观察：

（1）从 X0（自保持开关）接通到 Y0 输出 ON，中间延时多长时间？

（2）C0、Y0 如何复位？

4. 使用 GX Developer 软件编写图 6.41 梯形图，并进行仿真测试。观察：

（1）从 X0（自保持开关）接通到 Y0 输出 ON，中间延时多长时间？

（2）C1、C2、Y0 如何复位？

5. 使用 GX Developer 软件编写图 6.42 梯形图，并进行仿真测试。观察：

（1）从 X0（自保持开关）接通到 Y0 输出 ON，中间延时多长时间？

（2）C1、C2、Y0 如何复位？

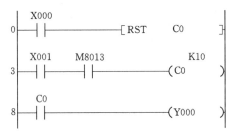

图 6.40 梯形图（3）

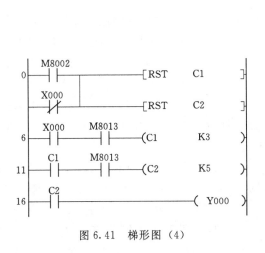

图 6.41 梯形图（4）

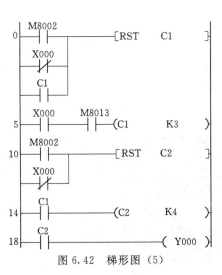

图 6.42 梯形图（5）

6. 请用 C 元件和 M8013 设计一个闪烁电路，控制一盏灯以 40s 为周期闪烁（亮 20s 灭 20s）。

第 7 章 PLC 的指令系统

7.1 PLC的指令系统概述

指令表程序也称为语句表程序，是 PLC 程序的另一种表示方法。它和单片机程序中的汇编语言有点类似，由语句式的指令按照一定的顺序排列而成。一条指令一般可以分为助记符和操作数两部分。也有只有助记符没有操作数的指令，称为无操作数指令。语句是程序的最小独立单元。指令表程序和梯形图程序有严格的对应关系，如图 7.1 所示。

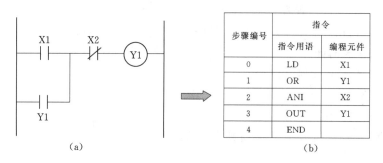

图 7.1 梯形图与对应的指令表
（a）梯形图；（b）指令表

各个厂家生产的 PLC 产品的指令系统大同小异，编程方法也类似。对于三菱的 PLC，可使用 GX Developer 软件先画出梯形图，再转换为语句表。当 PLC 系统的现场不方便使用图形化的编程方式（个人 PC 机）时，可采用简易编程器输入指令表程序，如图 7.2 所示。

图 7.2 手持式简易编程器

PLC 一般有上百或百余条指令，主要分为三大类：

（1）基本指令。基本指令主要是逻辑运算指令，一般含触点和线圈指令、定时器、计数器指令，以及简单的程序流程指令，是使用频度最高的指令。

（2）应用指令。应用指令则是为数据运算及一些特殊功能设置的指令，如传送比较、加减乘除、循环移位、程序控制、中断及高速处理等。

（3）步进指令。步进指令是专为编制步进程序设计的指令。步进指令在第 8 章中介绍。本章通过具体案例，介绍三菱 FX2N 系列 PLC 的 27 条基本逻辑指令的用法，以及功能指令的基础知识。

7.2 案 例

【案例1】 小电动车前进、后退控制
——LD/LDI、OUT、END、AND/ANI、OR/ORI、NOP 指令的应用

1. 系统功能描述

系统要求用三个按钮分别控制小电动车玩具。按下前进按钮或后退按钮，玩具车前进、后退；按下停止按钮，电动玩具车停止运动。

2. I/O 分配表

小电动车控制系统 I/O 分配见表 7.1。

表 7.1　　　　　　　　　　　小电动车控制系统 I/O 分配

输入端			输出端		
名称	代号	输入编号	名称	代号	输出编号
前进按钮	SB1	X001	前进交流接触器	KM1	Y001
后退按钮	SB2	X002	后退交流接触器	KM2	Y002
停止按钮	SB0	X000			

3. 梯形图和指令表程序

电动玩具前进、后退控制程序如图 7.3 所示。

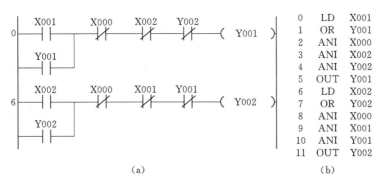

图 7.3　电动玩具前进、后退控制程序
(a) 梯形图；(b) 指令表

4. PLC 外部硬件接线原理

PLC 外部硬件接线原理如图 7.4 所示。

上述案例使用了基本指令中的取指令、触点的串/并联指令、输出指令，以及程序结束指令。以下将对这些指令进行介绍说明。

(1) LD/LDI：取指令/取反指令。

取指令是常开接点与母线连接指令，如图 7.5 (a) 所示。取指令的目标元件是 X、

第 7 章 PLC 的指令系统

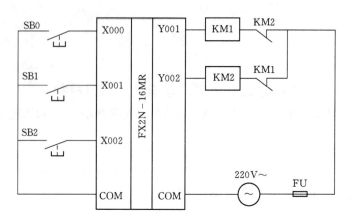

图 7.4 PLC 外部硬件接线原理

(a)   (b)

图 7.5 LD/LDI 指令

(a) 语句格式为：LD X2；(b) 语句格式为：LDI X2

Y、M、S、T、C。

取反指令是常闭接点与母线连接指令，如图 7.5（b）所示。取反指令的目标元件是 X、Y、M、S、T、C。

LD、LDI 指令分别用于将常开、常闭触点连接到母线上，属于输入指令。

（2）OUT：输出指令。

OUT 指令是对输出继电器、辅助继电器、状态器、定时器、计数器的线圈驱动的指令（输出指令）。OUT 指令不能用于 X 元件。

OUT 指令可以连续多次使用，相当于线圈并联，如图 7.6 所示。其中，定时器、计数器的 OUT 指令之后应有设定值。

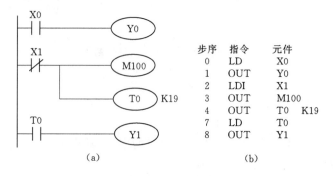

图 7.6 OUT 指令

(a) 梯形图；(b) 指令表

LD/LDI、OUT 指令说明见表 7.2。

表 7.2　　　　　　　　　LD/LDI、OUT 指令说明

符号	功　能	梯形图表示	操作元件
LD（取）	常开触点与母线相连	⊢⊣⊢	X, Y, M, T, C, S
LDI（取反）	常闭触点与母线相连	⊢⊬⊢	X, Y, M, T, C, S
OUT（输出）	线圈驱动	─○─	Y, M, T, C, S

(3) END：程序结束指令。

PLC 执行程序时从 0 步扫描到 END 指令为止，并立即输出处理。写在 END 之后的指令被跳过不执行。

在调试阶段，在各程序段插入 END 指令，可依次检出各程序段的动作，方便调试程序和查错。确认无误后，再依次删去插入的 END 指令。

END 指令是无操作数指令。

(4) AND/ANI：与指令/与非指令。

与指令和与非指令分别用于单个常开、常闭触点的串联。串联触点的数量不受限制，指令可以连续多次使用，如图 7.7 所示。

执行 OUT 指令后，通过触点对其他线圈使用 OUT 指令的情况称为纵接输出，这种纵接输出若顺序不错，可多次重复使用。

(5) OR/ORI：或指令/或非指令。

或指令和或非指令分别用于单个常开、常闭触点的并联。并联触点的数量不受限制，指令可以连续多次使用，如图 7.8 所示。

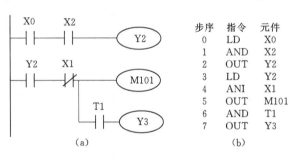

图 7.7　AND/ANI 指令
(a) 梯形图；(b) 指令表

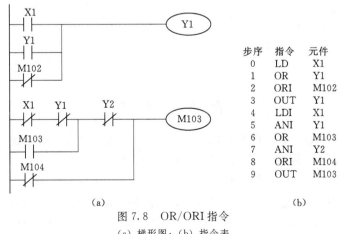

图 7.8　OR/ORI 指令
(a) 梯形图；(b) 指令表

AND/ANI、OR/ORI 指令说明见表 7.3。

表 7.3　　　　　　　　　AND/ANI、OR/ORI 指令说明

符号（名称）	功　　能	梯形图表示	操作元件
AND（与）	单个常开触点串联连接	─┤├─┤├─	X，Y，M，T，C，S
ANI（与非）	单个常闭触点串联连接	─┤├─┤╱├─	X，Y，M，T，C，S
OR（或）	单个常开触点并联连接	─┤├─┘	X，Y，M，T，C，S
ORI（或非）	单个常闭触点并联连接	─┤╱├─┘	X，Y，M，T，C，S

（6）NOP：空操作指令。

NOP 指令为空操作指令，即什么都不做。因此该指令为无操作数的独立指令，每条 NOP 指令占用一个程序步。PLC 程序存储区在没有载入用户程序前、或者将用户程序全部消除时，全部指令（每行）都是 NOP。用户程序的 END 指令之后剩下的存储区也都是 NOP 指令（图 7.9）。

在普通的指令与指令之间加入 NOP 指令，则 PLC 将无视其存在继续工作。程序中加入 NOP 指令主要是为了预留编程过程中追加指令的程序步，在修改或追加程序时，可以减少步号的变化，但是程序要求有余量。

将已写入的指令换成 NOP 指令，则回路会发生变化，如图 7.10 所示。

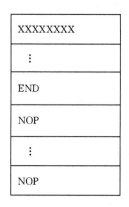

图 7.9　程序存储区
的 NOP 指令

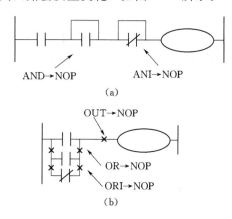

图 7.10　NOP 指令改变回路结构
（a）触点短路；（b）回路断路

思 考 与 训 练

1. 使用 GX Developer 软件编写图 7.7（a）梯形图，单击 "梯形图/列表显示切换" 按钮或 ATL＋F1 键，将梯形图转换成对应的指令表程序。

2. 打开 GX Developer 软件，新建一个梯形图文件，在未输入程序的时候切换到指令表显示，在指令表显示状态下输入图 7.8（b）的指令表程序。输入完成后，单击 "梯形图/列表显示切换" 按钮或 ATL＋F1 键，将指令表转换成对应的梯形图程序。

【案例2】 电动机启动停机控制系统
——SET/RST、PLF/PLS 指令的应用

1. 系统功能描述

本案例要求给电动机设置一个启动按钮，一个停止按钮。电机过载保护的热继电器信号也提供给控制系统，当电机过载时控制系统能使电机自动停止运转，同时系统进行声光报警。声光报警的时间设定为20s，以蜂鸣器持续发声作为声音报警，以灯光闪烁作为光报警（图7.11）。

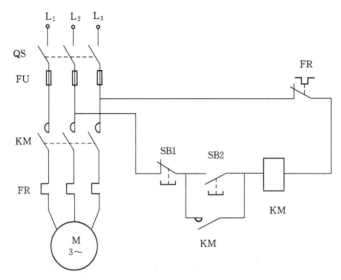

图 7.11 电动机启动停机和过载保护顺序

2. I/O 分配表

电动机启动停机控制系统 I/O 分配见表 7.4。

表 7.4　　　　　　　　　电动机启动停机控制系统 I/O 分配

输入端			输出端		
名　称	代号	输入编号	名　称	代号	输入编号
热继电器	FR	X000	交流接触器	KM	Y000
启动按钮	SB1	X001	蜂鸣器	DL	Y001
停止按钮	SB2	X002	报警指示灯	HL	Y002

3. 梯形图和指令表程序

电动机启动停机和过载保护程序如图 7.12 所示。

上述案例使用了基本指令中的置位/复位指令和脉冲输出指令。以下将对这些指令进行介绍说明。

(1) SET/RST：置位/复位指令。

SET 为置位指令，使元件的线圈接通（称为置1或置位），并保持动作。可使用 SET 指令的元件为：Y、M、S，见表 7.5。

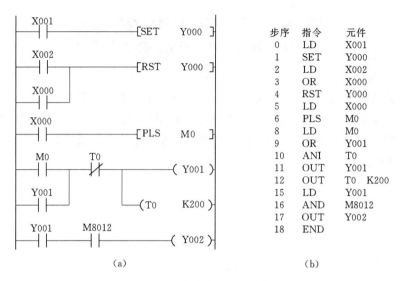

图 7.12 电动机启动停机和过载保护程序
(a) 梯形图；(b) 指令表

表 7.5 置位/复位指令说明

助记符，名称	功　能	回路表示和可用软元件	程序步
SET 置位	动作保持	⊢⊢[RST　Y,M,S]	Y, M: 1 S, 特殊 M: 2
RST 复位	消除动作保持，当前值及寄存器清零	⊢⊢[RST　Y,M,S,T,C,D,V,Z]	T, C: 2 D, V, Z: 3

RST 为复位指令，使元件的线圈断开（称为置 0 或复位）。可使用 RST 指令的元件为：Y、M、S、T、C、D、V/Z，见表 7.5。RST 指令的一个重要用途是对计数器、定时器复位。使数据寄存器（D）、变址寄存器（V、Z）的内容清零，也可使用 RST 指令。

在一个梯形图中，对于同一软元件，SET、RST 可多次使用，SET、RST 编程顺序也可以任意，但当两条指令的执行条件同时有效时，最后执行的指令决定元件状态。如图 7.13 所示，后执行的复位指令优先执行（X11 在 X10 后扫描）。

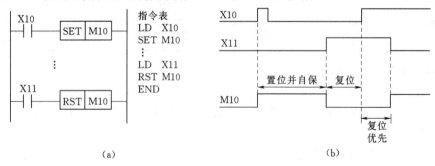

图 7.13 SET 和 RST 指令用法
(a) 梯形图和指令表；(b) 时序图

(2) PLF/PLS：脉冲输出指令。

PLF 为下降沿微分输出指令。使用 PLF 指令时，若检测到触发信号出现下降沿（ON→OFF），使用该指令的元件可接通一个扫描周期。

PLS 为上升沿微分输出指令。使用 PLS 指令时，若检测到触发信号出现上升沿（OFF→ON），使用该指令的元件可接通一个扫描周期（图 6.14）。

PLF 和 PLS 只能用于输出继电器 Y 和辅助继电器 M（特殊的 M 除外），详见表 7.6。

表 7.6　　　　　　　　　　　脉 冲 输 出 指 令 说 明

助记符，名称	功　能	回路表示和可用软元件	程序步
PLS 上升沿脉冲	上升沿微分输出	⊢⊢─[PLS Y,M]─ 除特殊的 M 以外	2
PLF 下降沿脉冲	下降沿微分输出	⊢⊢─[PLS Y,M]─ 除特殊的 M 以外	2

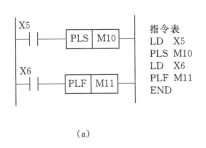
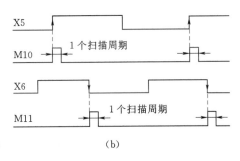

图 7.14　PLF/PLS 指令用法
(a) 梯形图和指令表；(b) 时序图

(3) 边沿检出指令：LDP/LDF、ANDP/ANDF、ORP/ORF。

边沿检出指令是一组与 LD、AND、OR 指令相对应的脉冲式指令。其中，LDP、ANDP、ORP 指令是进行触点状态变化上升沿检出的触点指令，仅在指令指定的位元件的上升沿时（OFF→ON 变化时）使操作对象接通一个扫描周期（图 7.15）。

LDF、ANDF、ORF 指令是进行触点状态变化下降沿检出的触点指令，仅在指令指定的位元件的下降沿时（ON→OFF 变化时）使操作对象接通一个扫描周期（图 7.16）。

边沿检出指令与脉冲输出指令 PLF、PLS 功能相似。图 7.17 中，无论采用边沿检出指令图 7.17 (a)、还是采用脉冲输出指令图 7.17 (b)，当输入信号 X000 由断开变为接通（出现上升沿）时，输出 Y000 接通一个扫描周期。边沿检出指令说明见表 7.7。

表 7.7　　　　　　　　　　　边 沿 检 出 指 令 说 明

助记符，名称	功能	回路表示和可用软元件	程序步
LDP 取脉冲上升沿	上升沿检出运算开始	⊢↑⊢─( )─ X,Y,M,S,T,C	2

第7章 PLC的指令系统

续表

助记符，名称	功能	回路表示和可用软元件	程序步
LDF 取脉冲下降沿	下降沿检出运算开始	⊢↓⊢─◯─┤ X,Y,M,S,T,C	2
ANDP 与脉冲上升沿	上升沿检出串联连接	⊢⊢↑⊢─◯─┤ X,Y,M,S,T,C	2
ANDF 与脉冲下降沿	下降沿检出串联连接	⊢⊢↓⊢─◯─┤ X,Y,M,S,T,C	2
ORP 或脉冲上升沿	上升沿检出并联连接	⊢↑⊢─◯─┤ X,Y,M,S,T,C	2
ORF 或脉冲下降沿	下降沿检出并联连接	⊢↓⊢─◯─┤ X,Y,M,S,T,C	2

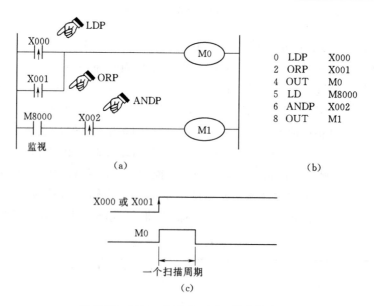

图 7.15 LDP、ANDP、ORP 指令的应用
(a) 梯形图；(b) 指令表；(c) 时序图

(a)

```
0  LDF   X000
2  ORF   X001
4  OUT   M0
5  LD    M8000
6  ANDF  X002
8  OUT   M1
```

(b)

(c)

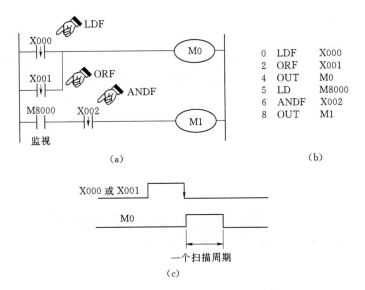

图 7.16 LDF、ANDF、ORF 指令的应用

(a) 梯形图；(b) 指令表；(c) 时序图

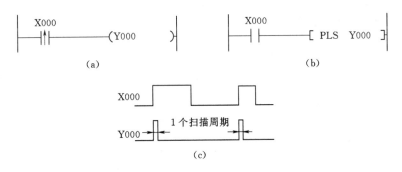

图 7.17 边沿检出指令与脉冲输出指令对比

(a) 采用边沿检出指令；(b) 采用脉冲输出指令；(c) 时序图

思 考 与 训 练

1. 画出图 7.12 电动机启动停机和过载保护程序的时序图，以及 PLC 外部硬件接线原理图。

2. 用 GX Developer 软件编写图 7.12 电动机启动停机和过载保护程序，并进行仿真。

1）模拟电动机的启动、停机控制。

2）模拟当热继电器动作（X000 接通）时，观察该程序中 Y002 的闪烁情况。

3. 将图 7.18 指令表转换成对应功能的梯形图。用 GX Developer 软件输入图 7.18 指令表，转换对应的梯形图并对比自己的答案。仿真观察程序的功能，并画出 Y001 和 Y002 的时序图。

```
LD   X000
SET  Y001
LD   X001
RST  Y001
LD   Y001
OUT  T0  K100
LD   Y002
ANI  Y001
OUT  T1  K50
LD   T0
OR   Y002
ANI  T1
OUT  Y002
```

图 7.18 指令表

4. 请使用脉冲输出指令 PLS，设计只用一个按钮控制电动机启动和停机的梯形图（按一次按钮启动，再按一次停机）。

5. 用 SET 和 RST 指令实现第 6 章 6.6 中的［案例 3］两台电动机顺序启动逆序停机控制，时序图为图 6.23。

6. 用 GX Developer 软件编写图 7.19 的程序，并进行仿真测试。观察当 X000 接通、断开的过程中 Y000 的变化，总结该程序的控制功能。

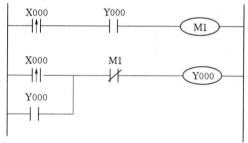

图 7.19　梯形图（6）

【案例 3】 双重互锁的三相电动机正反转控制系统
——ORB、ANB、MPS/MRD/MPP 指令的应用

1. 系统功能描述

三相电动机正反转运行控制的顺序图如图 7.20 所示。启动时，合上 QS，接通三相电源。按下正转启动按钮 SB2，电动机正转启动。需要反转时，按下反转启动按钮 SB3，电动机反转启动。正反转控制采用双重互锁功能，防止 KM1 和 KM2 同时接通造成电源短路，并且实现新输入优先控制。

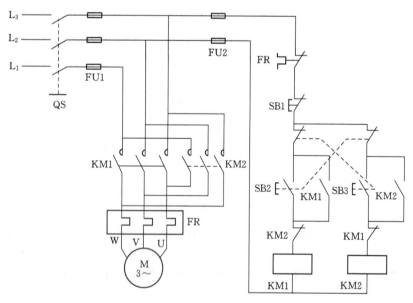

图 7.20　双重互锁的三相电动机正反转控制线路顺序图

2. I/O 分配表

双重互锁的三相电动机正反转控制系统 I/O 分配见表 7.8。

3. 梯形图和指令表

双重互锁的三相电动机正反转控制程序如图 7.21 所示。

表 7.8　　　　　　　双重互锁的三相电动机正反转控制系统 I/O 分配

输入			输出		
输入继电器	输入元件	作　用	输出继电器	输出元件	作　用
X000	SB1	停机按钮	Y000	KM1	正转交流接触器
X001	SB2	正转启动按钮	Y001	KM2	反转交流接触器
X002	SB3	反转启动按钮			

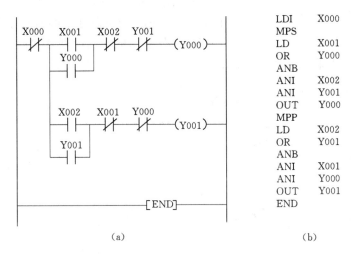

图 7.21　双重互锁的三相电动机正反转控制程序
(a) 梯形图；(b) 指令表

4. PLC 外部硬件接线原理

PLC 外部硬件接线原理如图 7.22 所示。

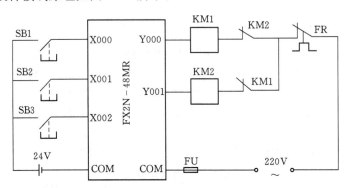

图 7.22　PLC 外部硬件接线原理

上述案例使用了基本指令中的电路块操作指令和堆栈指令。以下将对这些指令进行介绍说明。

(1) ORB：串联回路块并联指令。

由 2 个以上的触点串联连接的回路被称为串联回路块。将串联回路块进行并联连接时，分支开始要使用 LD/LDI 指令，分支结束采用 ORB 指令（图 7.23）。

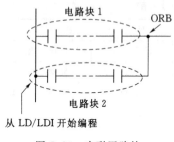

图 7.23 串联回路块

ORB 指令是不带软元件编号的独立指令。

当有多个串联回路需要并联时,如果在每个回路块后面使用一条 ORB 指令,则串联回路数没有限制。ORB 指令也可成批使用,但是由于 LD/LDI 指令的重复次数限制在 8 次以下,成批使用 ORB 指令并联连接多个串联回路块时,并联的回路个数限制在 8 个以下(图 7.24)。

(2) ANB:并联回路块串联指令。

由 2 个以上的触点并联连接的回路称为并联回路块。

当并联回路块与前面的回路串联连接时,分支的起点用 LD 或 LDI 指令,并联回路块结束后使用 ANB 指令连接(图 7.25)。

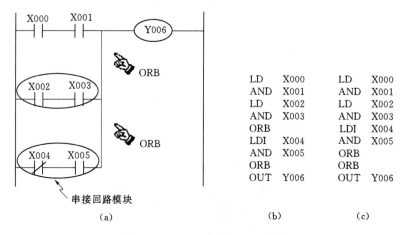

图 7.24 多个串联回路需要并联
(a)梯形图;(b)不连续使用 ORB;(c)连续使用 ORB

ANB 指令是不带软元件编号的独立指令。

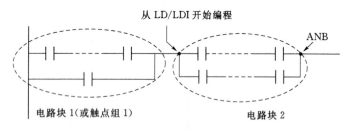

图 7.25 并联回路块

若有多个并联回路块按顺序与前面的回路串联时,在每个回路块后使用 ANB 指令,则对 ANB 指令的使用次数没有限制。也可成批使用 ANB 指令,但在这种场合,与 ORB 指令一样,要注意 LD/LDI 指令的使用次数限制在 8 次以下。

(3) MPS/MRD/MPP:堆栈操作指令。

堆栈是 PLC 的一个特殊的内部存储区,该内存区域支持"先进后出"的操作特性。当把新数据条目推进堆栈时,已经在堆栈内的任何数据条目都会向堆栈底部移动。把一个数据条目从堆栈移出则会让堆栈内的其他条目都向堆栈的顶部移动。只有在堆栈最顶端的数据条目能从堆栈中取出。FX2N 系列 PLC 有 11 个可用于存储运算中间结果的堆栈单元（图 7.26）。

堆栈操作指令又称为多重输出指令、回路分支导线指令，用于梯形图中节点后存在多重分支输出回路的情况。具体作用是将分支点的数据送入堆栈保存，以便每个分支进行逻辑运算时重复使用该点的数据。堆栈操作指令可嵌套使用，用于分支点后的支路上又存在分支点的结构，称为多段堆栈结构。

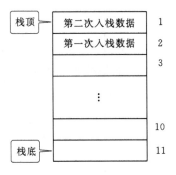

图 7.26 PLC 的堆栈结构

FX2N 系列 PLC 有三个堆栈操作指令：MPS、MPP、MRD。

1）MPS（Push）为进栈指令，其作用是将中间运算结果存入堆栈的第一个堆栈单元，同时使堆栈内各堆栈单元原有存储数据顺序下移一个堆栈单元。

2）MPP（POP）为出栈指令，其作用是弹出堆栈中第一个（顶部）堆栈单元的数据，此时该数据在堆栈中消失（复位），同时堆栈内第二个堆栈单元至堆栈底的所有数据顺序上移一个单元，原第二个堆栈单元的数据进入堆栈顶。

3）MRD（Read）为读栈指令，其作用是仅读出栈顶数据，而堆栈内数据维持原状。MRD 指令可连续重复使用，但最多不超过 24 次。

堆栈操作指令为无操作数指令，MPS 指令与 MPP 指令必须成对使用，连续使用的次数应小于 11。

图 7.27 所示的梯形图中，因为只有一个分支点，程序在执行过程中只用到栈顶的一个存储单元，属于一段堆栈结构。

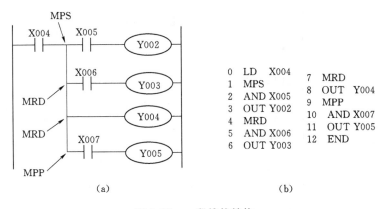

图 7.27 一段堆栈结构
(a) 梯形图；(b) 指令表

图 7.28 所示的梯形图中，X000 后有一个分支点控制两个分支，而两个分支上，在 X001 和 X004 后分别又有一个分支点，即分支点后嵌套着分支点（两层嵌套），程序在执行过程中将用到堆栈的两个存储单元来存储两层分支点的中间数据，属于两段堆栈结构。

第7章 PLC的指令系统

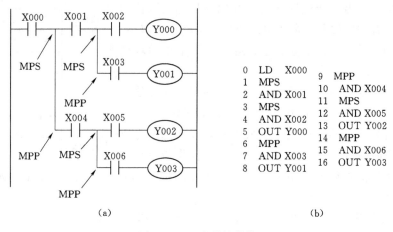

图 7.28 两段堆栈结构
（a）梯形图；（b）指令表

思 考 与 训 练

1. 用 GX Developer 软件编写图 7.21（a）电动机正反转程序并进行仿真。将仿真结果与图 7.29 的程序进行比较，观察两种控制方案的控制效果是否相同。

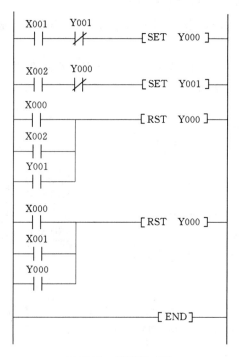

图 7.29 梯形图（7）

2. 根据下列梯形图（图 7.30）写出对应的指令表程序，并比较哪个程序更优（步数更少）。

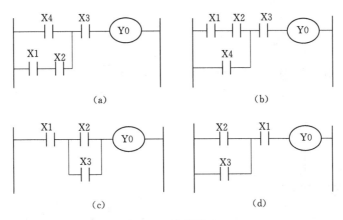

图 7.30 梯形图（8）

3. 请根据图 7.31 梯形图写出对应的指令表程序。

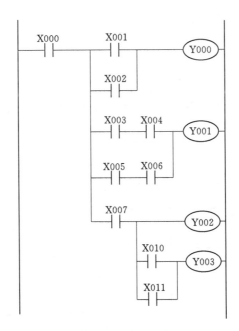

图 7.31 梯形图（9）

【案例 4】 三相异步电机的 Y-△降压启动控制
——MC、MCR、INV 指令的应用

1. 系统功能描述

根据三相异步电机的 Y-△降压启动的顺序图（图 7.32），按下启动按钮时，主电源接触器 KM1 和星型连接接触器 KM3 接通，电动机接成星型负载。随着电动机转速升高、电流下降，启动 5s 后，星型连接接触器 KM3 断开，同时三角形连接接触器 KM2 接通，电动机接成三角形负载正常运行。按下停机按钮后电动机停止运行。

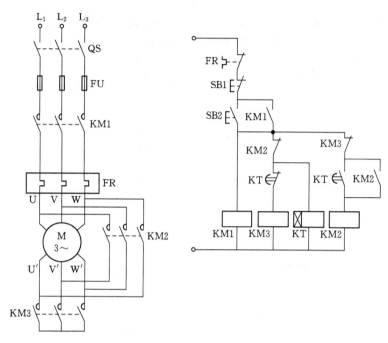

图 7.32　三相异步电机的 Y-△降压启动的顺序图

根据控制要求，三相异步电机的 Y-△降压启动控制的时序图如图 7.33 所示。

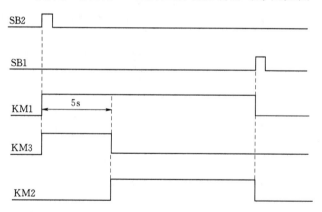

图 7.33　三相异步电机的 Y-△降压启动控制的时序图

2. I/O 分配表

三相异步电机的 Y-△降压启动控制系统 I/O 分配见表 7.9。

表 7.9　　　　三相异步电机的 Y-△降压启动控制系统 I/O 分配

输入端			输出端		
名称	代号	输入编号	名称	代号	输入编号
启动按钮	SB2	X002	主交流接触器	KM1	Y001
停止按钮	SB1	X001	Y 型交流接触器	KM3	Y003
			△型交流接触器	KM2	Y002

3. 梯形图与指令表

方案1：采用主控指令（图7.34）。

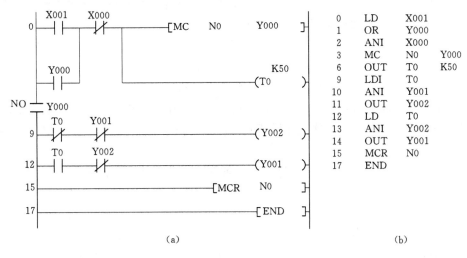

图7.34 三相异步电机的Y-△降压启动控制方案（1）
(a) 梯形图；(b) 指令表

上述方案使用了基本指令中的主控指令，以下将对该指令进行介绍说明。

在编程时常会出现这样的情况，多个线圈同时受一个或一组触点控制，如果在每个线圈的控制电路中都串入同样的触点，将占用很多存储单元，使用主控指令就可以解决这一问题。

主控指令又称主控触点指令，其功能与堆栈指令有许多相似之处，都是一个触点或一组触点实现对一片梯形图区域的控制。两者不同之处在于堆栈指令是用"栈"建立一个分支结点（梯形图支路的分支点），而主控触点指令则采用增加一个实际的主控触点（表示此处有分支点），建立一个由这个触点主控的区域。主控触点在梯形图中与一般的触点垂直。它们是与母线相连的常开触点，是控制一组电路的总开关（图7.35）。

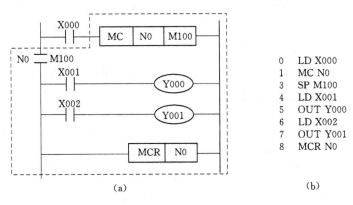

图7.35 主控触点指令的编程（无嵌套）
(a) 梯形图；(b) 指令表

（1）MC，主控指令，用于公共串联触点的连接，执行 MC 后，表示主控区开始。注意，该指令操作元件为 Y、M（不包括特殊辅助继电器）。

（2）MCR，主控复位指令，即 MC 的复位指令。执行 MCR 后，表示主控区结束。

MC、MCR 指令的使用说明：

(1) MC 占 3 个程序步，MCR 占 2 个程序步。

(2) 与主控触点相连的触点必须用 LD 或 LDI 指令。

(3) 主控触点接通时，执行从 MC 到 MCR 之间的指令。

(4) 主控触点断开时，MC 到 MCR 之间的软元件有两种状态：①积算定时器、计数器等用 SET/RST 指令驱动的软元件保持现状；②非积算定时器、用 OUT 指令驱动的软元件变为断开。

(5) 执行 MC 指令后，母线（LD/LDI）向 MC 触点后移动，将其返回到原母线的指令为 MCR。

(6) MC 和 MCR 指令必须成对使用。

在一个 MC 指令区内若再使用 MC 指令称为嵌套，对应于分支点后又嵌套分支点的结构。嵌套级数最多为 8 级（N0～N7）。嵌套使用 MC 指令时，嵌套级 N 的编号按顺序增大（N0→N1→N2→N3→N4→N5→N6→N7）。在将该指令返回时，采用 MCR 指令，则从大的嵌套级开始消除（N7→N6→N5→N4→N3→N2→N1→N0）。在没有嵌套结构时，可再次使用 N0 编制程序，并且 N0 的使用次数无限制。

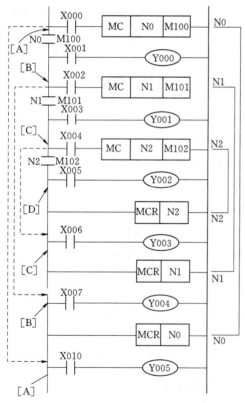

图 7.36 主控触点指令的编程（有嵌套）

图 7.36 的梯形图中，母线 B 在 X000 为 ON 时，呈激活状态；母线 C 在 X000、X002 为 ON 时，呈激活状态；母线 D 在 X000、X002、X004 都为 ON 时，呈激活状态。通过 MCR N2，母线返回到 C 的状态；通过 MCR N1，母线返回到 B 的状态；通过 MCR N0，母线返回到初始的 A 状态。Y005 的接通/断开只取决于 X010 的接通/断开状态，而与 X000、X002、X004 的状态无关。

方案 2：采用主控加反转指令（图 7.37）。

方案 2 使用了主控指令和反转指令 INV。其中反转指令用于实现 Y 型交流接触器和 △ 型交流接触器的互锁。

反转指令 INV 的功能是将该指令执行之前的运算结果取反。该指令无目标元素，是不带软元件的独立指令（图 7.38）。

说明：

（1）在梯形图中，INV 指令不能像 LD、LDI、LDP、LDF 那样与左母线直接相连，

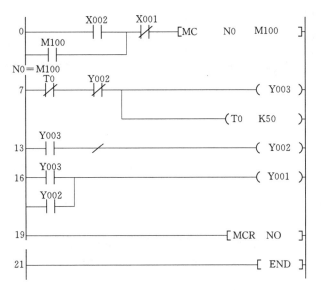

图 7.37 三相异步电机的 Y-△降压启动控制方案（2）

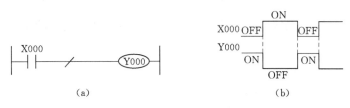

图 7.38 取反指令
(a) 梯形图；(b) 时序图

也不能单独占用一条支路。

（2）在能输入 AND、ANI、ANDP、ANDF 指令的相同位置处编写 INV 指令。

（3）不能像指令表中 LD、LDI、LDP、LDF 一样与母线相连；LD、LDI、OR、ORI 指令步的位置不能使用 INV。

（4）在含有 ORB、ANB 指令的电路中，INV 是将执行 INV 之前的运算结果取反。

思 考 与 训 练

1. 用 GX Developer 软件编写三相异步电机的 Y-△降压启动控制的两个方案程序（图 7.34、图 7.37），并进行仿真测试。观察两种控制方案程序的运行结果是否相同。

2. 用 GX Developer 软件编写图 7.36、图 7.39 梯形图，并进行仿真测试。观察这两种控制程序的运行结果是否相同。

3. 请将图 7.40 的梯形图改成采用主控指令的梯形图。

第7章 PLC的指令系统

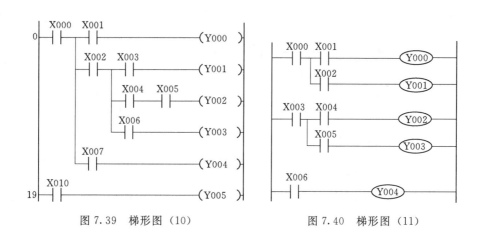

图 7.39 梯形图 (10)　　　　　图 7.40 梯形图 (11)

【案例 5】 喷水池的花式喷水控制
——PLC 的功能指令基础知识

1. 系统功能描述

图 7.41 的喷水池示意图中，9 个喷头从内到外分为三圈。内圈只有 1 号喷头，第二圈由 2～5 号喷头组成，最外圈由 6～9 号喷头组成。该系统的控制要求为：按照时间先后，由内到外三圈喷头各喷水 10s，如此循环往复。

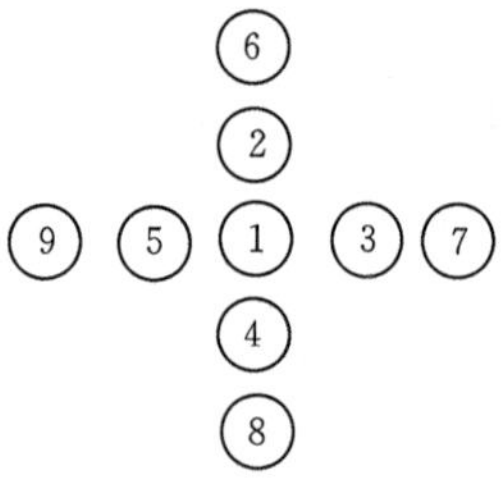

2. I/O 分配表

喷水池的花式喷水控制 I/O 分配见表 7.10。

3. 梯形图

喷水池的花式喷水控制梯形如图 7.42 所示。

图 7.41 喷水池

表 7.10　　　　　喷水池的花式喷水控制 I/O 分配

输入端			输出端					
名称	代号	输入编号	名称	代号	输入编号	名称	代号	输入编号
启停按钮	SB0	X001	1号喷头	KM1	Y000	6号喷头	KM6	Y005
			2号喷头	KM2	Y001	7号喷头	KM7	Y006
			3号喷头	KM3	Y002	8号喷头	KM8	Y007
			4号喷头	KM4	Y003	9号喷头	KM9	Y010
			5号喷头	KM5	Y004			

系统中 9 个输出结果 Y0～Y13 可用位组合元件 K3Y0 来表示，根据控制要求，各圈喷头动作时对应 Y 元件的状态见表 7.11。

表 7.11　　　　　各圈喷头动作时对应 Y 元件的状态

喷头	Y13	Y12	Y11	Y10	Y7	Y6	Y5	Y4	Y3	Y2	Y1	Y0	十六进制数
内圈	0	0	0	0	0	0	0	0	0	0	0	1	→H0001
中圈	0	0	0	0	0	0	1	1	1	1	1	0	→H001E
外圈	0	0	0	1	1	1	1	0	0	0	0	0	→H01E0

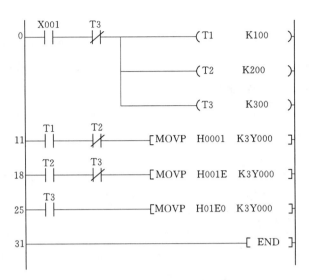

图 7.42 喷水池花式喷水控制梯形

该案例采用了功能指令中的数据传送指令 MOV。X1 接通时，T1、T2、T3 开始计时。10s 后，T1 接通，执行第一条传送指令，即 1 号水柱喷水；再过 10s，T2 接通，执行第二条传送指令，即 2、3、4、5 号水柱喷水；再过 10s，T3 接通，执行第三条传送指令，即 6、7、8、9 号水柱喷水。

(1) 功能指令。可编程控制器的基本指令是基于继电器、定时器、计数器类软元件，主要用于逻辑处理的指令。作为工业控制计算机，PLC 仅有基本指令是远远不够的。从 20 世纪 80 年代开始，PLC 制造商就逐步地在小型 PLC 中加入一些功能指令（Functional Instruction）或称为应用指令（Applied Instruction），这使得可编程控制器成了真正意义上的计算机。这些功能指令实际上就是一个个功能不同的子程序。它既能简化程序设计，又能完成复杂的数据处理、数值运算，实现高难度的控制。正是功能指令的多少和强弱，在很大程度上决定了 PLC 功能的多少和强弱。

随着芯片技术的进步，小型 PLC 的运算速度、存储量不断增加，其功能指令的功能也越来越强。许多采用基本指令需要编制复杂程序的功能，通过功能指令很容易就可以实现，大大提高了 PLC 的实用价值。

三菱 FX2N 系列 PLC 除了基本指令和步进指令外，还有 128 种 298 条功能指令，用于实现数据的传送、运算、变换及程序控制等功能。

三菱 FX2N 系列 PLC 的功能指令按功能号（FNC00～FNCXX）编排，在简易编程器中输入功能指令时是以功能号输入功能指令（表 7.12）。

表 7.12 功 能 指 令 分 类

FNC00～FNC09 [程序流程]	FNC110～FNC119 [浮点运算 1]
FNC10～FNC19 [传送与比较]	FNC120～FNC129 [浮点运算 2]
FNC20～FNC29 [算术与逻辑运算]	FNC130～FNC139 [浮点运算 3]

续表

FNC30～FNC39 ［循环与移位］	FNC140～FNC149 ［数据处理 2］
FNC40～FNC49 ［数据处理］	FNC150～FNC159 ［定位］
FNC50～FNC59 ［高速处理］	FNC160～FNC169 ［时钟运算］
FNC60～FNC69 ［方便指令］	FNC170～FNC179 ［格雷码变换］
FNC70～FNC79 ［外部设备 I/O］	FNC220～FNC249 ［触点比较指令］
FNC80～FNC89 ［外部设备 SER］	

(2) FX2N 系列 PLC 数据类软元件。除了第 6 章中介绍过的 X、Y、M、T、C 等编程软元件，三菱 FX2N 系列 PLC 的功能指令中还需要使用一些数据类的软元件。因此，PLC 的编程元件根据特点可分为"位元件"与"字元件"。X、Y、M、S 等只处理 ON/OFF 信息的软元件称为"位元件"；而 T、C、D 等处理数值的软元件则称为"字元件"。

1) 数据寄存器（D）。数据寄存器 D 用于存储中间数据、需要变更的数据等。数据寄存器的基本长度为二进制 16 位，最高位是符号位。根据需要也可以将两个数据寄存器合并为一个 32 位字长的数据寄存器。32 位的数据寄存器最高位是符号位，两个寄存器的地址必须相邻。例如：两个相邻的数据寄存器（如 D10、D11），可组成 32 位数据寄存器。数据寄存器分为一般型、停电保持型和特殊型（表 7.13）。

表 7.13 数 据 寄 存 器 编 号

数据寄存器 (D)	D0～D199 200 点，一般型	D200～D511 312 点，停电保持型	D8000～D8255 256 点，特殊型

2) 变址寄存器（V/Z）。FX2N 系列 PLC 的变址寄存器 V/Z 同普通的数据寄存器一样，是进行数值数据的读入、写出的 16 位数据寄存器。变址寄存器 V0～V7、Z0～Z7 共有 16 个。进行 32 位操作时，将 V/Z 合并使用，指定 Z 为低位，V 为高位（图 7.43）。

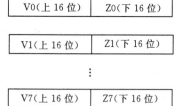

图 7.43 组合 32 位变址寄存器

变址寄存器和普通的数据寄存器有相同的使用方法，可进行数值数据的读出、写入。在应用指令的操作数中，还可以同其他的软元件编号或数值组合使用，用于在程序中改变数值内容或改变软元件的地址编号。

例：

a. 改变软元件的地址号（变址）：如 V0＝5，执行 D0V0 时，被执行的软元件编号为 D5(0＋5)。

b. 改变数值内容：如 Z0＝20，指定 K30Z0 时，被执行的数值是 K50(20＋30)。

注意：

(a) 可用变址寄存器改变数值的元件：K、H。

(b) 可用变址寄存器进行变址的软元件：X、Y、M、S、T、C、D、位组合元件。

(c) 变址寄存器能在功能指令中用，不能用在基本指令中。

（d）变址寄存器不能修改自身参数。

（e）变址寄存器不能修改位组合元件的单元个数 Kn。

3）位组合元件（KnX、KnY、KnM、KnS）。X、Y、M、S 等只处理 ON/OFF 信息的软元件称为位元件。位元件可以通过组合使用，4 个位元件为一个单元，使 PLC 能用 4 位 BCD 码表示一个十进制数据，这种由位元件组合而成的元件称为"位组合元件"。

位组合元件的通用表示方法是由 Kn 加起始的软元件号（X、Y、M、S）组成：KnX、KnY、KnM、KnS。其中 n 为单元数，其具体数值决定了一个位组合元件的长度为 4 的倍数 $4n$。例如：K2M0 表示 M0～M7 组成两个单元的位元件组合（K2 表示 2 个单元），它是一个 8 位数据，M0 为最低位。

| M7 | M6 | M5 | M4 | M3 | M2 | M1 | M0 |

位组合元件还可以变址使用，如 KnXZ、KnYZ、KnSZ、KnMZ。例如：K4M0Z0，若 Z0＝6，则意味着从 M（0＋6）＝M6 开始的四个单元。

注意，变址寄存器不能修改位数指定用的 Kn 参数，例如：K4Z0M0 无效。

(3) 功能指令的表达形式。三菱 FX2N 系列 PLC 的功能指令按功能号（FNC00～FNCXX）编排，为了方便理解和记忆，还采用了同一般的汇编指令相似的计算机通用助记符形式来表示。功能指令由助记符（操作码）和操作数两大部分组成。一般用指令的英文名称或缩写作为助记符。

功能指令的操作数包括源操作数 S(•)、目标操作数 D(•) 以及辅助操作数 m、n。大多数功能指令有 1～4 个操作数，也有的功能指令不需要操作数。

1）源操作数 S(•)：简称源，指令执行后不改变其内容的操作数。说明中源操作数有"•"表示能用变址方式，缺省"•"表示不能使用变址方式。

2）目标操作数 D(•)：简称目，指令执行后将改变其内容的操作数。有"•"表示能使用变址方式，缺省"•"表示不能使用变址方式。

3）辅助操作数（其他操作数）m、n：常用来表示常数或对源和目作出补充说明。

在梯形图中用功能框表示功能指令。图 7.44 中 X000 常开接点是功能指令的执行条件，其后的方框即为功能指令。

图 7.44 中：源操作数有 D0、D1 和 D2；目操作数是 D10；辅助操作数 K3（指示源操作数有 3 个）。当 X000 接通时，MEAN 指令的含义为：取出 D0～D2 的连续 3 个数据寄存器中的内容作术平均后送入 D10 寄存器中。当 X000 断开时，此指令不执行。

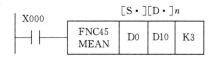

图 7.44 功能指令的梯形图

(4) 功能指令的使用要素。

1）数据长度。应用指令依处理数据的长度分为 16 位指令和 32 位指令。32 位指令采用助记符前加 D 表示，助记符前无 D 的指令为 16 位指令（图 7.45）。

2）指令执行方式。应用指令有脉冲执行型和连续执行型。脉冲执行型指令采用助记符后加 P 表示，助记符后无 P 的指令为连续执行型。

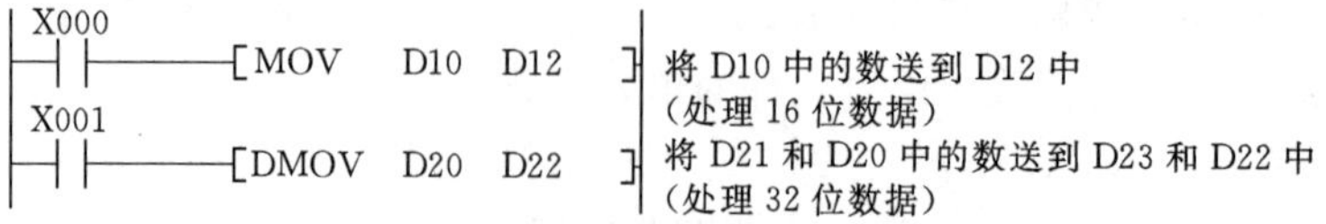

```
  X000
───┤├──────[MOV   D10   D12 ]    将 D10 中的数送到 D12 中
                                 （处理 16 位数据）
  X001
───┤├──────[DMOV  D20   D22 ]    将 D21 和 D20 中的数送到 D23 和 D22 中
                                 （处理 32 位数据）
```

图 7.45　两种数据长度的 MOV 指令

连续执行方式：如果执行条件接通，指令在每个扫描周期中都要被重复执行一次。

脉冲执行方式：指令只在条件从断开变为接通时才执行一个扫描周期。

在不需要每个扫描周期都执行该指令时，采用脉冲执行方式，可缩短程序的执行时间。

思 考 与 训 练

1. 用 GX Developer 软件编写图 7.42 梯形图，并进行仿真测试。观察 9 个输出端的变化情况是否满足控制要求。

2. 尝试修改图 7.42 梯形图程序，除能实现原控制要求外，还可以选择实现三圈喷头按照单双数间隔轮流喷水（1、3、5、7、9 喷水，然后 2、4、6、8 喷水，如此循环）。

第 8 章 PLC 的顺序功能图编程

8.1 顺序功能图编程基础知识

8.1.1 状态编程思想

PLC 的梯形图由于其编程简单、使用方便等优点,受到了很多技术人员的青睐,但在一些工艺流程控制方面,还存在以下缺点:

(1) 自锁、互锁等联锁关系设计复杂、易出错、检查麻烦。
(2) 难以直接看出具体工艺控制流程及任务。

为此,人们经过不懈努力,开发了状态转移图,也称顺序功能图(SFC)或功能表图。顺序功能图模拟程序流程图,常用来编制顺序控制类程序。顺序功能编程法可将一个复杂的控制过程分解为一些小的顺序控制要求,再将其连接组合成整体的控制程序。它不仅具有流程图的直观,而且能够方便处理复杂控制中的逻辑关系。

下面通过一个台车自动往返控制系统的例子来说明状态编程的思想,如图 8.1 所示。台车自动往返工作流程中,每一个周期中的工艺控制要求如下:

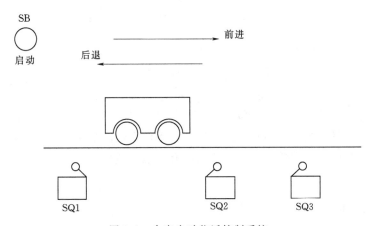

图 8.1 台车自动往返控制系统

(1) 按下启动按钮,台车前进。
(2) 台车前进过程中碰到行程开关 SQ2 时,停止前进并开始后退。
(3) 台车后退过程中碰到行程开关 SQ1 时,台车停止,等待 10s 后第二次前进。
(4) 台车第二次前进过程中碰到行程开关 SQ3 时,停止前进并开始后退。

第8章 PLC 的顺序功能图编程

(5) 台车后退过程中碰到行程开关 SQ1 时,台车停止。

根据上述控制要求,该工艺控制过程可用如图 8.2(a)所示的工作步序图来表示,其具有的特点如下:

(1) 复杂的控制任务分解成了若干个工序,有利于程序的结构化设计。
(2) 工序任务明确且具体,方便局部编程。
(3) 可读性强,容易理解,能清晰反映整个工艺流程。

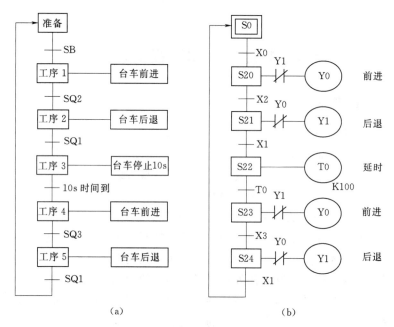

图 8.2 台车自动往返控制系统流程和程序
(a) 控制流程;(b) 顺序功能图程序

由上述例子可总结状态编程的一般思想为:

(1) 将系统的一个工作周期划分为若干个顺序相连的阶段(工作状态、工序),这些阶段称为"状态"或者"步"。用状态元件 S 来代表各步,每一步分配一个 S 元件。
(2) 弄清各状态的工作细节(包括状态的任务、转移条件和转移方向)。状态与状态之间由转移条件分隔。当相邻两状态之间的转移条件得到满足时,就实现状态转换。
(3) 根据总的控制顺序要求,将分解的所有状态按照先后顺序连接起来,形成状态转移图。

8.1.2 状态继电器

状态继电器(S)是可编程控制器的软元件之一,主要用于编制 PLC 的顺序控制程序。状态继电器一般与步进顺序控制指令 STL 配合使用,是构成状态转移图的基本组件。SFC 图中每一个"状态"或者"步"用一个状态元件 S 表示,其中 S0 为初始步,也称为准备步,其他为工作步。状态继电器 S 与辅助继电器 M 一样,有无数的动合触点和动断触点,在顺控程序内可任意使用。

FX2N 系列 PLC 提供 1000 个状态继电器,其分配及用途如下:
(1) S0~S9,用作状态转移图的初始状态。
(2) S10~S19,在多运行模式控制中用作原点返回状态。
(3) S20~S499,用作状态转移图的中间状态。
(4) S500~S899,有停电保持作用,掉电时也能保存其动作的状态。
(5) S900~S999,用作报警元件。

8.1.3 顺序功能图的构成

图 8.2(b)是台车自动往返控制系统的顺序功能图程序。以该顺序功能图为例,PLC 的顺序功能图由 5 个组成元素构成:①步;②有向连线;③转移;④转移条件;⑤负载驱动(任务、动作)。

1. 步

图 8.2(b)中的 S0 是初始步,S20~S24 是工作步。一个功能图至少要有一个初始状态步,也称为"准备步",常用于表示系统的准备状态。

当某一步被激活时称"活动步",否则称"非活动步"。

2. 有向连线

按照状态转移的路线和方向,将系统的各状态步用带箭头的连线进行连接。其中,从上到下、从左到右的有向连线上的箭头可省略。

3. 转移

步和步之间的转换动作用一个垂直于有向连线的"—"符号表示,如图 8.2(b)所示。

每一步都有其转移的目标,如图 8.2(b)所示的 S20 是 S0 的转移目标,S21 是 S20 的转移目标。

4. 转移条件

使系统由当前步转入下一步的信号称为转移条件。转移条件可能是外部输入信号,如按钮、指令开关、限位开关的接通/断开;也可以是 PLC 内部产生的信号,如定时器、计数器触点的接通/断开;转移条件还可能是若干个信号的与、或、非逻辑组合。

5. 负载驱动

负载驱动即某一步需要实现的任务、动作、命令等。在 SFC 图中,负载通常是定时器、计数器、辅助继电器、输出继电器的线圈。表达元件的输出可用 OUT 指令,也可用 SET 指令。二者区别在于使用 SET 指令驱动的输出可以保持下去直至使用 RST 指令使其复位,而 OUT 指令在本状态关闭后自动关闭。如图 8.2(b)所示的 Y0 就是状态 S20 的驱动负载。

在状态转移图中,每个状态步都具备下列三要素:①驱动负载;②转移条件;③转移目标(图 8.3)。

8.1.4 顺序功能图编程规则及注意事项

(1) 状态转移的实现。SFC 程序中,步与步之间的状态转移需满足两个条件:

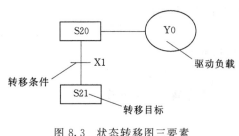

图 8.3 状态转移图三要素

1) 所有的前级步必须是活动步。
2) 对应的转移条件要得到满足。

满足上述两个条件就可以实现步与步之间的转移。值得注意的是一旦后续步转移成功成为活动步，前级步就要复位成为非活动步。

（2）两个步绝对不能直接相连，必须用一个转移将它们隔开。

（3）两个转移绝对不能直接相连，必须用一个步将它们隔开。

（4）初始步必不可少（至少有一个初始步，可以无输出），否则无法表示初始状态，系统也无法返回停止状态。

（5）自动控制系统应能多次重复执行同一工艺过程，因此 SFC 程序应组成闭环结构：
1) 最后一步返回并停留在初始步（单周期操作，手动控制进入下一次周期）。
2) 或自动进入下一周期开始运行的第一步（自动连续循环）。

（6）只有当前一步是活动步，该步才可能变成活动步。若采用无断电保持功能的 S 元件代表步，PLC 进入 RUN 工作方式时，这些 S 元件均处于断开的初始状态，系统无法工作。可使用初始化脉冲 M8002 的常开触点作为转换条件，将初始步预置为活动步。

系统由手动工作方式进入自动工作方式时，可采用一个适当的信号将初始步置为活动步。

（7）由于 PLC 的循环扫描工作方式，步与步之间的转移是下一步被激活成功后的第二个扫描周期将前级步复位，这将导致相邻的两个状态有一个扫描周期会同时接通，如图 8.4 所示。编程时，相邻两步要考虑输出的互锁，以及避免重复输出的问题。

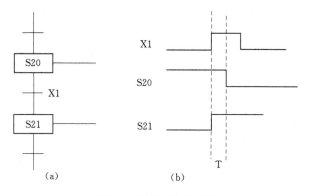

图 8.4 相邻两步的转移
（a）顺序功能图；（b）时序图

8.1.5 状态转移图的基本结构

状态转移图的基本结构有单流程结构、选择结构、并行结构三种，如图 8.5 所示。复杂的状态转移图程序可看作这三种基本结构的组合。

图 8.5（a）为单流程 SFC：每一步只有一个转移条件、并转向一个目标的单流程状态编程。

图 8.5（b）为选择结构 SFC：分支的步（S20）按照不同转移条件选择转向不同分支，执行不同分支后再根据不同转移条件汇合到同一步。

图 8.5（c）为并行结构 SFC：分支的步（S20）按照同一转移条件同时转向几个分支，执行所有的分支后再汇合到同一步。

8.1 顺序功能图编程基础知识

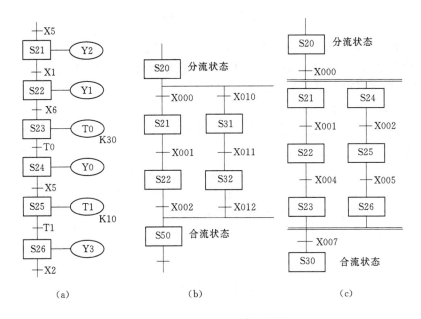

图 8.5 状态转移图的基本结构
(a) 单流程 SFC；(b) 选择结构 SFC；(c) 并行结构 SFC

8.1.6 跳转与循环结构——分离状态

跳转与循环结构是选择性分支的一种特殊形式，主要结构如图 8.6 所示。这些结构的转移目标步又称为分离状态。步进梯形图中，分离状态在激活的时候采用的是 OUT 指令，而激活连续的状态（流程内向下转移）时采用的是 SET 指令。

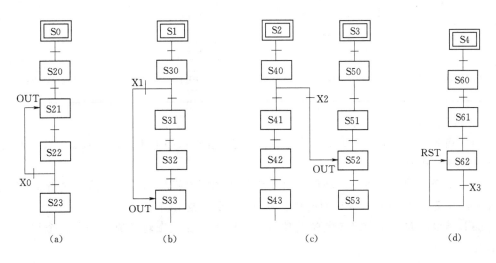

图 8.6 分离状态
(a) 循环；(b) 跳转；(c) 向流程外跳转；(d) 自复位

思 考 与 训 练

1. 请按照第 5 章 5.3 中介绍的 SFC 程序的编制方法,在 GX Developer 软件中编写图 8.2(b)台车自动往返控制程序,并进行仿真测试。测试过程中注意观察:

(1) 每一步的负载驱动如何实现。

(2) 步与步之间的转移条件满足时如何实现转移。

2. 请用顺序功能图设计一个塔灯的闪烁控制系统,如图 8.7 所示:启动按钮按下后,L1 亮 2s 后熄灭;接着 L2、L3、L4、L5 亮 2s 后熄灭;L6、L7、L8、L9 亮 2s 后熄灭。如果不要求停止,按照上述动作顺序不停循环;如果按下停止按钮,则一个周期动作完成就停下来。

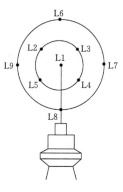

图 8.7 灯塔控制系统

8.2 步进指令和步进梯形图

8.2.1 步进指令

有些 PLC 厂家或某些 PLC 的系列、型号不直接支持状态转移图编程。对于这样的 PLC,若想采用状态转移图编程的思路进行编程,通常可以通过厂家提供的专用指令实现。三菱 FX2N 系列 PLC 就提供了两条步进顺序控制指令(简称步进指令)来实现状态转移编程。这两条步进指令是步进接点指令 STL 和步进返回指令 RET。STL 和 RET 是一对步进指令,表示步进的开始和结束(表 8.1)。

表 8.1   步进顺序控制指令

指令名称	助记符	梯形图符号	功 能
步进接点指令	STL	─┤S├─	步进接点驱动
步进结束指令	RET	─[RET]─	步进程序结束返回

1. STL:步进接点指令

STL 指令(图 8.8)的意义为激活某个状态。在梯形图上体现为从母线上引出的状态接点(只有常开触点)。

STL 指令有建立子母线的功能,以使该状态的所有操作均在子母线上进行。STL 指令有主控含义,即 STL 指令后面的触点要用 LD 指令或 LDI 指令。

STL 指令有自动将前级步复位的功能,具体为:在状态转换成功的第二个扫描周期将前级步复位。

2. RET:步进返回指令

一系列 STL 指令后,在状态转移程序的结尾必须使用 RET 指令,表示步进顺控功能

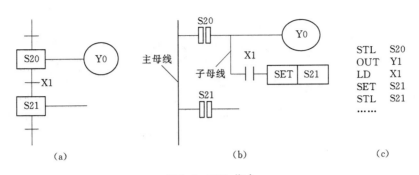

图 8.8　STL 指令
(a) 状态转移图；(b) 梯形图；(c) 指令表

（主控功能）结束。

8.2.2　步进指令的使用说明

(1) 步进梯形指令仅对 S 元件有效（S0～S899），且只有常开触点。

(2) 转移源自动复位：采用 STL 指令，当新状态接通，转移源状态自动复位。（在一个扫描周期以后停止）。

(3) 允许双重输出：STL 指令允许双重甚至多重输出，而不会出现前后矛盾的输出驱动。

注意：状态号不能重复使用。

(4) 输出的互锁：状态转移瞬间（一个扫描周期），由于相邻两个状态同时接通，对有互锁要求的输出，除在程序中应采取互锁措施外，在硬件上也应采取互锁措施（图 8.9）。

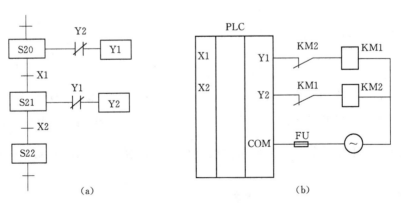

图 8.9　步进指令应用中输出的互锁
(a) 程序互锁；(b) 硬件互锁

(5) 定时器的重复使用：在不相邻的步，允许使用同一地址编号的定时器。

注意：在相邻的步不能重复使用同一个定时器，否则当前值不能复位（逻辑错误）。

(6) 输出的驱动方法：如图 8.10 所示，从状态内的母线，一旦写入 LD 或 LDI 指令后，对不需要触点的指令就不能再编程。可按图 8.10 (b)、(c) 的方法修改。

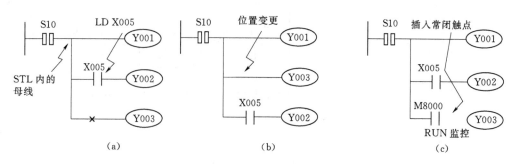

图 8.10 步进指令应用中输出的驱动
(a) 错误的驱动方法；(b) 正确的驱动方法；(c) 正确的驱动方法

(7) MPS/MRD/MPP 指令的位置：在状态内，不能从 STL 子母线中直接使用 MPS/MRD/MPP 指令（图 8.11），而应在 LD 或 LDI 指令以后编制程序。

(8) 状态的转移方法：OUT 指令与 SET 指令对于 STL 指令后的状态（S 元件）具有同样的功能：激活下一步；自动复位当前部（图 8.12）。

OUT 指令与 SET 指令对于 STL 指令后的状态（S 元件）使用的区别：SET 指令用于向下连续的状态转移，OUT 指令用于向分离的状态转移。

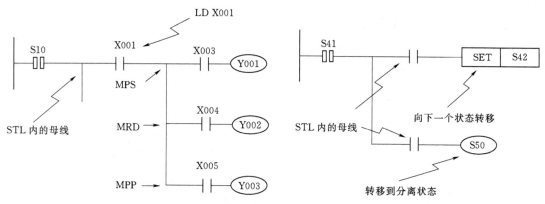

图 8.11 步进指令应用中 MPS/MRD/MPP 指令的位置　　图 8.12 步进指令应用中状态的转移方法

(9) 不能使用的指令：在转移条件回路中，不能使用 ANB、ORB、MPS、MRD、MPP 指令。

在步进梯形图中，不能用 MC 指令。

8.2.3　步进梯形图的编写

在 GX Developer 软件中，步进梯形图的编写方法有两种：第一种编写方法同普通梯形图；第二种编写方法是先编写 SFC 图，然后改变程序类型，将 SFC 图转成对应的梯形图，然后在此基础上进一步进行编写或修改。

详细方法步骤见第 5 章 5.3。

思 考 与 训 练

请按照第 5 章 5.3 中介绍的 SFC 程序的编制方法，在 GX Developer 软件中编写图 8.2（b）台车自动往返控制程序；然后改变程序类型，将 SFC 图转成对应的梯形图；在此基础上修改台车延时等候时间为 30s，并进行仿真测试。

8.3 单流程顺序功能图的编程

单流程是指状态转移只有一种顺序，每一个状态只有一个转移条件和一个转移目标。单流程状态转移图编程是指根据系统控制要求画出状态转移图。对于不直接支持 SFC 编程方式的 PLC，可根据状态转移图画出其相应的步进梯形图，如果有需要可再写出其对应的指令表程序。在编程时要抓住状态转移图的三要素以及"先驱动、后转移"的编程顺序原则。初始状态可由其他状态驱动或初始条件驱动。如果没有初始条件，一般可用 M8002 产生的脉冲进行初始化驱动。

【案例1】 工业机械手的控制

1. 系统功能描述

工业机械手控制系统的功能如图 8.13 所示。通电后，机械手先行复位。然后，机械手下降到 A 地点时：抓紧零件→上升→右移→下降到 B 点→松开零件。如此将零件从 A 地点放置到 B 地点。然后：机械手从 B 点上升→左移→回到原点，等待下一次命令。设备装有上、下限位开关和左、右限位开关，以判断识别机械手的位置。上升、下降和左移、右移的执行分别用双线圈二位电磁阀推动气缸完成。当某个电磁阀线圈通电，就一直保持现有机械动作。例如，一旦上升的电磁阀线圈通电，机械手上升，即使线圈断电，仍能保持现有的上升位置，直到相反方向的线圈通电为止。另外，夹紧、松开由单线圈二位电磁阀推动气缸完成，线圈通电时执行夹紧动作，线圈断电时执行松开动作。

2. I/O 分配表

工业机械手的控制 I/O 分配见表 8.2。

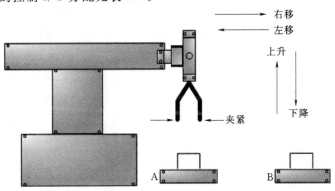

图 8.13 工业机械手控制系统

第8章 PLC的顺序功能图编程

表 8.2　　　　　　　　　　　　工业机械手的控制 I/O 分配

输入端			输出端		
名称	代号	输入编号	名称	代号	输入编号
启动按钮	SB0	X000	下降电磁阀	KM0	Y000
停止按钮	SB1	X001	上升电磁阀	KM1	Y001
下限位开关	SB2	X002	左移电磁阀	KM2	Y002
上限位开关	SB3	X003	右移电磁阀	KM3	Y003
右限位开关	SB4	X004	夹紧电磁阀	KM4	Y004
左限位开关	SB5	X005	原点显示灯	HL	Y005

3. SFC 程序

工业机械手控制系统 SFC 程序如图 8.14 所示。

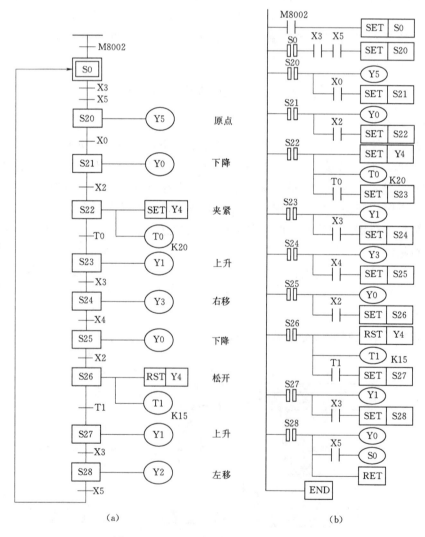

图 8.14　工业机械手控制系统 SFC 程序
(a) 状态转移图；(b) 梯形图

思 考 与 训 练

1. 上述工业机械手控制系统案例中,其状态转移图程序的功能并不完善。例如,当机械手想返回原点,但运行到 B 点上方时系统突然停电,导致机械手停在此处。当系统重新通电后,机械手无法回到原点,继续停留在 B 点上方,系统无法进入正常运行状态。请在图 8.14 程序的基础上,完善其停机、紧急停机、从任意位置复位回到原点等功能,并用 GX Developer 编程软件进行仿真测试具体功能。

2. 图 8.15 中旋转工作台用凸轮和限位开关来实现运动控制。凸轮初始位于左侧,使得左限位开关 SQ1 为 ON;按下启动按钮后,凸轮开始顺时针正转;转到右侧,当右限位 SQ2 开关闭合时,暂停 5s;5s 时间到,则逆时针反转,转回到初始位置。请根据旋转工作台的控制要求设计其顺序功能图,并用 GX Developer 编程软件进行编程仿真。

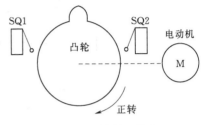

图 8.15 旋转工作台

3. 请设计一个喷泉控制系统。控制要求:喷泉有 A、B、C 三组喷头,图 8.16(a)。启动后,喷头控制动作顺序见时序图[图 8.16(b)],如此循环。如果按下停止按钮,则一个周期动作完成就停下来。

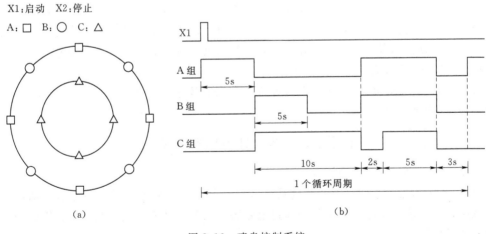

图 8.16 喷泉控制系统
(a) 喷泉组;(b) 时序图

8.4 选择结构顺序功能图的编程

包含选择结构的状态转移图,其选择结构中包含分支状态步和汇合状态步。如图 8.17 中,S20 为分支状态步,S50 为汇合状态步。

分支状态后的多个分支流程顺序中,根据转移条件是否满足选择执行其中一个分支,

第8章 PLC 的顺序功能图编程

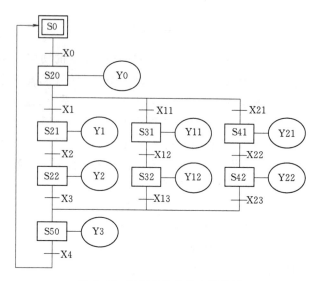

图 8.17 选择结构的状态转移图

其余转移条件不满足的分支均不被执行。其特点为：在同一时刻只允许选择一条分支，即不能同时转移到几条分支。

当任意一个分支的最后一步（S22 或 S32 或 S42）执行完成、且转移条件满足时，状态将转移到汇合步（S50）。

进行步进梯形图编程时，分支状态步的编程方法与一般状态步的编程一样，先进行驱动处理，然后设置转移条件，编程时要由左至右逐个编程。汇合状态步则先进行汇合前状态（任意一个分支的最后一步）的输出处理，然后朝汇合状态转移，此后由左至右进行汇合转移。与图 8.17 对应的梯形图为图 8.18。

需要特别注意的是：分支、汇合的转移处理程序中，不能用 MPS/MRD/MPP、ANB、ORB 指令。

【案例2】 大小球分拣控制系统

1. 系统功能描述

图 8.19 所示为大小球分类及传送系统示意图。电动机 M 驱动传送带左右移动，机械臂由液压或气压系统驱动；上下移动通过电磁阀驱动液压缸来控制；利用电磁铁的磁力来吸引大球或小球。

大小球分类原理：机械臂下降，经过时间延时，当电磁铁压住小球时下限位开关 SQ2 被压下，SQ2 的常开触点接通。若压住大球，则 SQ2 不会被压下，SQ2 的常开触点处于断开状态。

大小球传送工作过程：原点启动→机械臂下降→电磁铁通电吸球→机械臂上升→传送带右行（大小球右限位不同）→机械臂下降→电磁铁断电释放→机械臂上升→传送带左行→机械臂回到原位停止。

2. I/O 分配表

大小球分拣控制系统 I/O 分配见表 8.3。

8.4 选择结构顺序功能图的编程

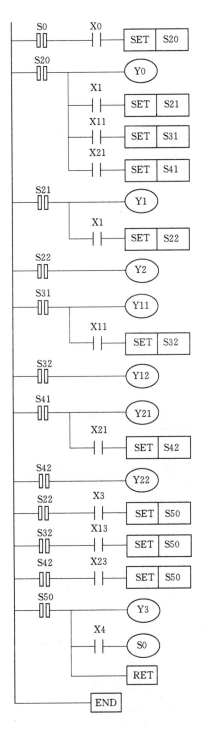

图 8.18 选择结构的步进梯形图

第8章 PLC 的顺序功能图编程

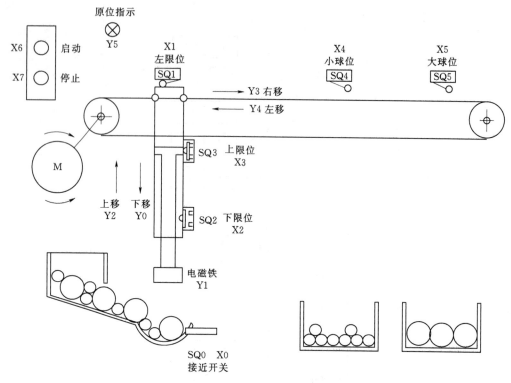

图 8.19 大小球分拣控制系统

表 8.3　　　　　　　　　　大小球分拣控制系统 I/O 分配

输入端			输出端		
名称	代号	输入编号	名称	代号	输入编号
接近开关	SQ0	X000	下降电磁阀	KM1	Y000
左限位开关	SQ1	X001	电磁铁	YV	Y001
下限位开关	SQ2	X002	上升电磁阀	KM2	Y002
上限位开关	SQ3	X003	左移电磁阀	KM3	Y003
小球限位开关	SQ4	X004	右移电磁阀	KM4	Y004
大球限位开关	SQ5	X005	原点显示灯	HL	Y005
启动按钮	SB0	X006			
停止按钮	SB1	X007			

3. 状态转移图程序

大小球分拣控制系统状态转移如图 8.20 所示。

8.4 选择结构顺序功能图的编程

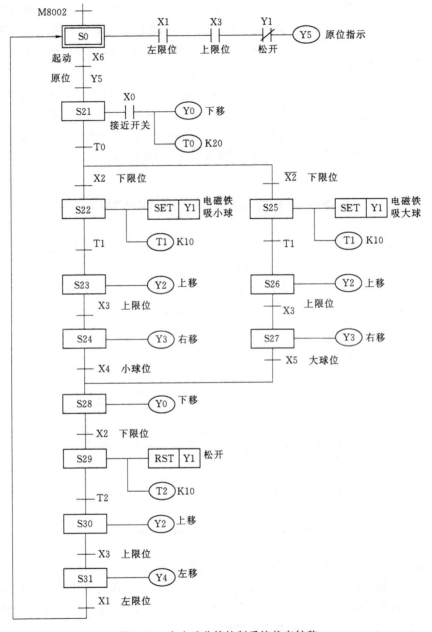

图 8.20 大小球分拣控制系统状态转移

思 考 与 训 练

1. 用 GX Developer 编程软件编制图 8.20 的 SFC 图,并进行仿真测试。

2. 先手写将图 8.20 大小球分拣控制系统状态转移图转换成对应的步进梯形图,然后用软件的"改变程序类型"功能,将 GX Developer 编程软件编制的 SFC 图转换成梯形

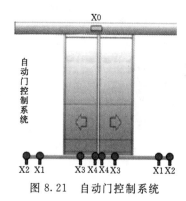

图 8.21 自动门控制系统

图，验证手写的结果是否正确。

3. 请设计一个自动门系统。人靠近自动门时，红外感应器 X0 为 ON，驱动电动机高速开门，碰到开门减速开关 X1 时，变为低速开门。碰到开门极限开关 X2 时电动机停转，开始延时 0.5s。若在 0.5s 内感应器检测到无人，启动电动机高速关门。碰到关门减速开关 X3 时，改为低速关门，碰到关门极限开关 X4 时电动机停转。在关门期间若感应器检测到有人，停止关门，在延时 0.5s 后自动转换为高速开门（图 8.21）。

8.5 并行结构顺序功能图的编程

包含并行结构的状态转移图，其并行结构中包含分支状态步和汇合状态步。如图 8.22 中，S20 为分支状态步，S50 为汇合状态步。

当满足转移条件后，同时激活执行分支状态步之后的多个分支流程。在图 8.22 中，当 X0 接通时，S20 同时向 S21、S31、S41 三个状态转移，三个分支同时运行。

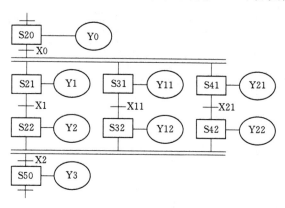

图 8.22 包含并行结构的状态转移图

并行结构特点为：在同一时刻同时转移到几条分支。

只有在所有分支的最后一步（S22 和 S32 和 S42）任务都运行结束后，且转移条件满足时，状态才转移到汇合步（S50），之后 S22、S32、S42 同时复位。若有一个分支没有运行结束，即使 X3 接通，S50 也不会被激活。

进行步进梯形图编程时，分支状态步的编程方法与一般状态步的编程一样，先进行驱动处理，然后设置转移条件，同时向多个目标转移。汇合状态步则首先进行汇合前状态（所有分支的最后一步）的驱动处理，然后按顺序进行汇合状态的转移处理。与图 8.22 对应的梯形图为图 8.23。

同样需要特别注意的是：分支、汇合的转移处理程序中，不能用 MPS/MRD/MPP、ANB、ORB 指令。

8.5 并行结构顺序功能图的编程

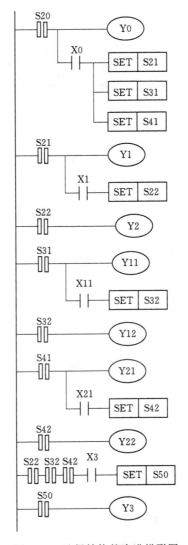

图 8.23 选择结构的步进梯形图

【案例 3】 按钮式人行道交通灯

1. 系统功能描述

如图 8.24 和图 8.25 所示,正常情况下,主干道的汽车通行,即 Y3 绿灯亮,Y5 红灯亮;当行人想过马路,就按下请求按钮。当按下按钮 X0(或 X1)之后,主干道交通灯为

绿(5s)→绿闪(3s)→黄(3s)→红(20s)

当主干道红灯亮时,人行道从红灯亮转为绿灯亮,行人可以通过马路;绿灯亮 15s 以后,人行道绿灯开始闪烁,闪烁 5s 后转入主干道绿灯亮,人行道红灯亮。此时恢复主干道的汽车通行。

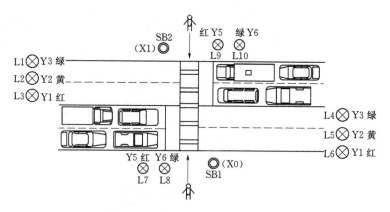

图 8.24 按钮式人行道交通灯系统

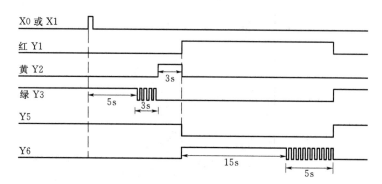

图 8.25 按钮式人行道交通灯时序图

2. I/O 分配表

按钮式人行道交通灯 I/O 分配见表 8.4。

3. 状态转移图程序

按钮式人行道交通灯系统状态转移如图 8.26 所示。

表 8.4　　　　　　　按钮式人行道交通灯 I/O 分配

输入端			输出端		
名称	代号	输入编号	名称	代号	输入编号
启动按钮	SB1	X0	主干道红灯	HL1	Y1
停止按钮	SB2	X1	主干道黄灯	HL2	Y2
			主干道绿灯	HL3	Y3
			人行道红灯	HL4	Y5
			人行道绿灯	HL5	Y6

8.5 并行结构顺序功能图的编程

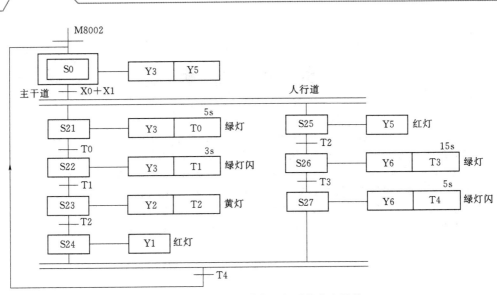

图 8.26 按钮式人行道交通灯系统状态转移

思 考 与 训 练

1. 用 GX Developer 编程软件编制图 8.26 的 SFC 图,并进行仿真测试。

2. 先手写将图 8.26 按钮式人行道交通灯系统状态转移图转换成对应的步进梯形图,然后用软件的"改变程序类型"功能,将 GX Developer 编程软件编制的 SFC 图转换成梯形图,验证手写的结果是否正确。

3. 请用状态转移图设计一个十字路口交通灯系统。系统受一个启动开关控制,当启动开关接通时,交通灯系统开始工作,且先南北红灯亮、东西绿灯亮。当启动开关断开时,所有信号灯均熄灭。具体控制过程见时序图 8.27。

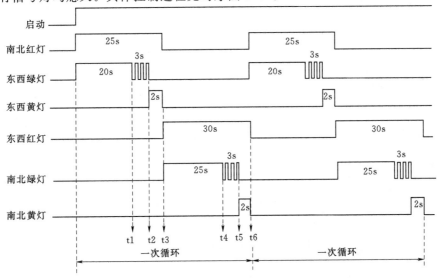

图 8.27 十字路口交通灯控制时序

· 211 ·

参 考 文 献

[1] 史宜巧，侍寿永. PLC技术及应用项目教程［M］. 2版. 北京：机械工业出版社，2014.
[2] 杨莹，邵瑛，林涛. 可编程控制器案例教程［M］. 北京：机械工业出版社，2008.
[3] 俞国亮. PLC原理与应用（三菱FX系列）［M］. 2版. 北京：清华大学出版社，2009.
[4] 郭利霞. 可编程控制器应用技术［M］. 北京：北京理工大学出版社，2009.
[5] 张万忠. 可编程控制器应用技术［M］. 2版. 北京：化学工业出版社，2005.
[6] 冈本裕生. 图解继电器与可编程控制器［M］. 北京：科学出版社，2007.